Meru Nukumi

めるるです!!

JKを卒業して18歳といういま、こうしてずっと夢だったスタイルブックをつくれて本当にうれしい！

これも、みんなのおかげです。

0～18歳までの私のすべてをつめ込んだ1冊になったyo♥

いろんな人の手にとってもらえるといいな！

おしゃれのこともいままで話さなかったヒミツも全部、出しつくしたので

隅々までしっかりとまばたきしないで見てね。

じゃあ、またのちほどー！

落ち込んでるの？　めるるパワーチャージしてあげる♥

きょうは、なんかいいことある気がする～♪

LOVE
HELLO

ARE YOU HAPPY??

 寝坊した？　でもいっぱい寝れたじゃん♥

「はっぴーす!」

Contents

めるるのこといっぱい好きになってne♥

 自分の〝好き〟を見つけてみよ? きっともっと楽しくなるよ!

THANKS
Let's start!!
CUTE♥
LOVE me

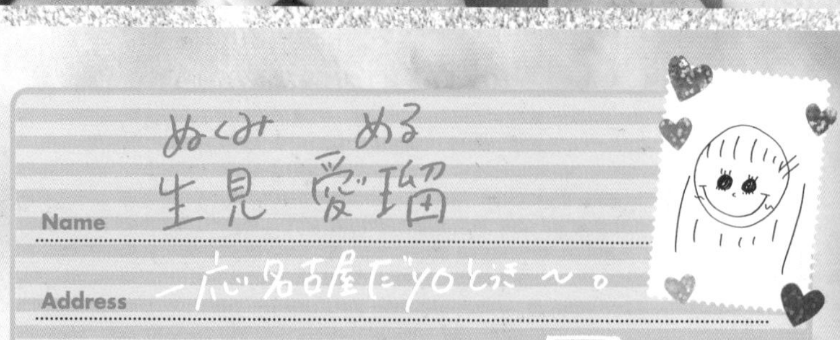
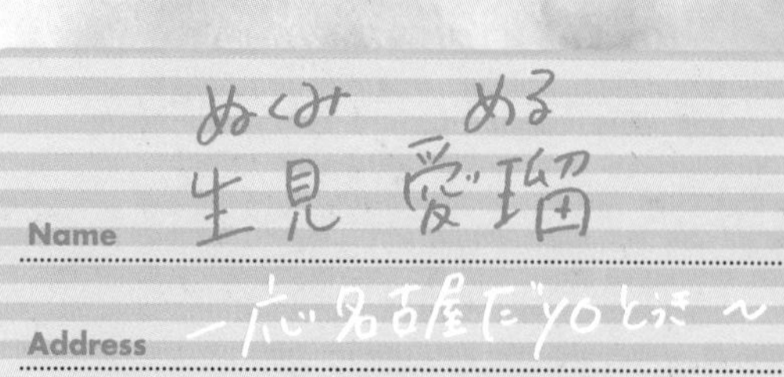

私は 2002 年 3 月 6 日生まれで星座は うお 座だyo!!

血液型は O型 型でHAPPY野郎なんだ！ みんな めるる って呼んでne♥

得意科目は 道徳 で苦手科目は 数学

お気に入りのファッションは ストリート系

アピールポイントは 声でかい ところで、

チャームポイントは まつげビョーン コレ だyo♥

性格の長所は 明るい所 で 短所は 落ち着きがない ところ……

好きなタイプは おもしろい 人♥ 結婚は 40才 までにしたいな！

ちなみにいまは 生きること に一生懸命で

将来の夢は HAPPYなおばあちゃん だyo★

あなたはどっち？

タイプは？	S	**M**
朝ごはんは？	和食	**洋食**
大事なのは？	時間	**お金**
過ごしやすいのは？	**夏**	冬
住むとしたら？	**日本**	海外
乗ってみたいのは？	虹	**雲**
朝は？	**早起き**	お寝坊
好きなのは？	**犬**	ネコ
似ているのは？	**サル**	ゴリラ
どちらかというと？	だいたん	**慎重**

FAVORITE

花 Flower：ひまわり

本 Book：絵本

お店 Shop：コンビニ

キャラクター Character：シンプソンズ

場所 Place：家

音楽 Music：アゲアゲな曲

なんでもBEST3!

家のおちつく場所BEST3

1 リビングのクッション

2 リビングのソファー

3 トイレ。ちょーきれいなの。

NEWS!

ドラムたたきたいと思ってるだけ。

COLOR TEST 色のイメージに合う人を答えてね!

めるるず	私	まねね	まま	ぷのる
愛がたっぷりだから	色々とくれたから	やさしいから!	かわいいから!	少年だから!

PERSONAL GRAPH

かしこさ 100

ユニーク度 TPO

おしゃべり 100

運動能力 30

可愛さ 100のつもり

YES NO 診断

涙もろい YES

おばけを見た YES

甘えん坊 YES

自分がとうま YES

おこりん坊 NO

ガンコ YES

秘密がある フフフ…

友だちより恋愛? ?←めるるずが一番

FREE SPACE

みんなはどう?!だった〜

今度教えてne

誕生日が3月6日だからne♥ いきなり306の質問に答えるyo!

1 ぬくみめるであいうえお作文をつくって♥
- ぬ ぬくぬくと
- く くしゃみをがまんして
- み みんなに笑顔を
- め 「めるるだよ」って
- る ルンルンにアピール♥

2 なにフェチ?
香りフェチ♥

3 好きな食べ物は?
カロリーが高いもの♥
いまは干しいもにハマってる～!

4 いちばん楽しいのはなにをしているとき?
お仕事!!
休みなんてなくていい!

5 ついつい集めてしまうものは?
キラキラのヘアピン!
見つけるとすぐ買う♥

6 最近のブームは?
湯船に浸かること♥
あとアニメ鑑賞!

7 好きな女優さんは?
小松菜奈サン♥

8 影響をうけた映画はある?
映画の『ヘアスプレー』を見て、ハデ好きになった♥

9 好きなアーティストは?
ヤバイTシャツ屋さんとlol♥

10 自分にとってのヒーローは?
パパ♥

11 なんでそんなにハッピーなの?
毎日楽しいから♥

12 好きな色は?
レインボー!
もう1色にしぼれない(笑)!

13 好きな漢字は?
楽

14 好きな芸人さんは?
3時のヒロイン!
お洋服も可愛いの♥

15 自分の好きなところは?
深く考えすぎないところ～!

16 自分のキライなところは?
集中力が2時間しかもたないところ…。

17 よくホメられる長所は?
明るいね～ってよく言われるよ♥

18 自分の性格をひとことで表すと?
おてんば。

19 特技は?
まつ毛につまようじが7本のること。

20 趣味は?
編み物。
おばあちゃんにコースターをつくってプレゼントした♥

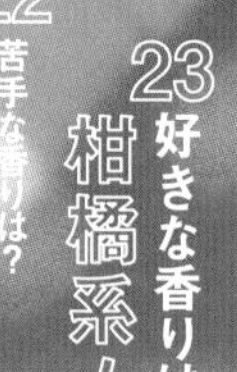

21 直したいクセはある?
すぐに髪をさわっちゃうクセ!
[illegible]

22 苦手な香りは?
イケイケっぽい香り(笑)

23 好きな香りは?
柑橘系!

24 好きなテレビ番組は?
『しゃべくり007』とか『世界の果てまでイッテQ!』とか、バラエティー系。ドラマなら『3年A組』!

25 どうしても捨てられない宝物は?
ぐ～チョコランタンの『スプー』のぬいぐるみ。生まれたときからある!

26 世の中でいちばん怖いものは?
おばけ。

27 いまいちばん欲しいものは?
物欲あんまりないんだけど…新しいファンデかな!

28 どうすればめるるみたいにみんなに好かれるの?
みんなに好かれてるとは思わないけど、マイナスオーラは出さないようにしてる。そうするとまわりも楽しい気持ちになるはずだから♥

29 まわりからはどんなコって言われる?
意外とマジメ!

30 甘い食べ物の中でいちばん好きなものは?
濃厚なソフトクリーム。

31 カラオケの十八番は?
ヤバイTシャツ屋さんの『かわE』

32 好きなスポーツは?
スポーツは苦手! でも逃げ足は速い♥

プライベートのコト

まずは、気になるパーソナルな質問からいっくyo〜!
めるるずから届いた質問に、全力回答♥

33 いつからポジティブになったの?
完全ポジティブは高2!

34 元気の源は?
めるるず♥

35 好きな顔のパーツはどこ?
まつ毛。♥

36 めるるでもイライラすることはある?
あるある! せっかちだから、エレベーターが遅いときとかイライラする(笑)!

37 最近、ムカついたことは?
クッキーを食べようとしたら、ボロボロに割れてた…。

38 最近、笑ったことは?
毎日笑いすぎてて、分からない! 昨日も怒られてるときに笑っちゃって、さらに怒られた…(笑)。

39 つらいときはどうしてる?
つらいと思わないようにしてる!

40 愛瑠って名前の由来は?
愛=愛おしい、瑠=宝物、宝石。私たちの愛おしい宝物って意味なんだって♥

41 口ぐせは?
ねぇ〜!

42 怒ると…どうなる?
だまる(笑)。

43 好きなアニメは?
いろいろあるけど、いまは
『七つの大罪』と『鬼滅の刃』♥
海外アニメなら『ザ・シンプソンズ』!

44 血液型、教えて!
心が大きな
O型♥

45 得意料理は?
冷凍食品…(笑)。

46 よく注意される短所は?
人の話を聞かないってまねねにいつも注意される…。

47 食わず嫌いしているものは?
パセリ、ゴーヤ、パプリカ…。実際に食べてキライなのは、ピーマンとししとうと玉ねぎ!

48 好きな言葉は?
ありがとう♥

49 小さいとき、どんな子どもだった?
超やんちゃ! 抱っこしてほしいからって、死んだフリをするようなコ(笑)。

眠くなったら寝る…寝るコは育つ!

50 自分と似ているとシンパシーを感じるものは?

ジェットコースター!!

51 気持ちを奮い立たせたいときはどうする?

ダメな自分を頭の中で想像して「こうはなりたくない!!」と喝を入れる!

52 めるるでも落ち込むときもある?

気分が思うように上がらないときはある!

53 めるるの人生を漢字一文字で表すと?

いまのところ…

幸!

54 自分をはげます魔法の言葉は?

なるようになる♥

55 ぶっちゃけ天然なの? 計算なの?

知らない(笑)!
自分では通常運転のつもり。

56 自分を色に例えるとしたら?

見飽きることのない、

レインボー♥

57 自分を動物に例えると、なに?

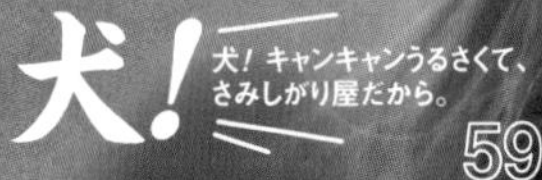

犬! 犬! キャンキャンうるさくて、さみしがり屋だから。

58 占いは信じるタイプ?

いいことだけ信じる!

59 これだけはだれにも負けないってことは?

ハートの強さ!!! そしてくじけない心!!

60 最近の悩みは?

マスクが売ってないこと…。

61 小さいころの夢は?

保育士さん。

62 ペットを飼ったことはある?

ある…というか、幼稚園ぐらいのころからずっと犬を飼ってるよ。ミニチュアダックスの男のコで、名前は『ぷる』。お兄ちゃんみたいな存在♥

63 悲しいことがあったら、どう乗り越える?

乗り越えたときの幸せを想像する!

64 ハッピーでいるコツは?

くよくよ悩まないこと!

65 いちばんよかった旅行先は?

京都!

66 スバリ、最近、どうよ?

もちろん、はっぴーす!!

67 生きていくうえで大切にしていることは?

感謝の気持ちを忘れないこと。

68 最近、泣いたことは?

泣いてない!

69 自信を持つための有効的な手段は?

いっぱいホメてもらう♥

そうすると自然と可愛くなる努力をするし、自信もつく。

70 人生でいちばんおいしい! と思った食べ物は?

それはもう、味噌カツ!!

幼稚園のときにはじめて食べて、そのおいしさに衝撃をうけた!

71 自分だけが信じてるジンクスは?

横断歩道を渡っているときに信号が点滅したら、その日は運が悪い!

72 メロンパンのおいしいお店を教えて♥

浅草の花月堂。

73 地元名古屋のいいところは?

自然が多くて、食べ物がおいしくて、最高!!

74 地元名古屋の名物といえば?

これも、味噌カツ!

申し訳ないけど、味噌カツは名古屋がいっちばんおいしい!

75 地元と東京、比べてみるとどう?

落ちついて居心地がいいのは地元だけど、便利で過ごしやすいのは東京かな。

76 めるるのモットーは?

毎日全力、つねに全力!!

77 家族に秘密にしていることは?

友だちがいないから、話すのは家族がメイン。だから、秘密はなーい!

78 大学に行きたいと思った

一度もない…(笑)。

79 休日はなにをしているの?

NETFLIX

夢中になってる!

 キライになるより、好きになったほうが幸せじゃん♥

80 よく見るインスタは？
あまり決まってなくて、オススメにあがってくる人たち。

81 人生で胸にささった言葉は？
だれが言ってたか忘れちゃったけど「100人いるとしたら 1人に応援してもらえたらいい。全員に好かれようとしなくていい」って言葉♥

82 幸せな瞬間は？
おいしいものを食べているとき♥

83 1年の中でいちばん好きなイベントは？
お正月。

84 高校生活での楽しかった思い出は？
通信制だったからあまりないの…。文化祭とか、憧れ♥

85 修学旅行の思い出といえば？
中3のときに
ディズニーランド
に行ったこと！

86 世の中でいちばんキライなこと！
ウソ！ みんな正直でいるのがいちばん！

87 1日の中で好きな時間は？
昼の1時。ランチタイムから少しずれてるから、ごはん屋さんが空いていていい♥

89 世の中に流行らせたい言葉は？
はっぴーす！

88 UFOやおばけはいると思う？
どっちも絶対にいる。UFOは小学生のとき温泉で見た！

90 明日地球が滅亡するとしたら、なにをする？
ありったけの好きな食べ物をむしゃくしゃ食べる！

91 言われていちばんショックな言葉は？
「キライ」

92 言われていちばんうれしい言葉は？
「盛れてる～♥」

93 よく検索するワードは？
チーズ。
おなかが空いたら、すぐ調べる(笑)。

94 ひまなときの過ごし方は？
妄想してる。
もしも億万長者になったら…とか(笑)。

95 いちばんの宝物は？
家族、めるるず、一緒にお仕事をしているスタッフさん、めるるずからのプレゼント…いっぱい♥

99 アイスのフレーバーNo.1は？
結局、なんだかんだでバニラ♥

98 好きなおにぎりの味は？
明太子♥

97 好きなおでんの具は？
大根♥

96 好きな寿司のネタは？
玉子♥

101 最近の楽しみは…？
「明日はどんなお仕事かな～」って考えながら寝る瞬間♥

100 100問目にして、いま、なにが食べたい(笑)？
おなかぐぅぺこだから、チーズたっぷりのハンバーガー。

102 おしゃれなごはん屋さんを教えて！
それは私が知りたい！ でも、表参道の『SALADASTOP!』はお気に入り♥

103 最近よく遊んでいるのは、だれ？
だれとも遊んでな～い。だれかごはん行こ～!!

104 いまから勉強したいことは？
英語!!!
話せたほうが絶対にいいし、カッコいい♥

105 寝ているとき、夢は見る？
めっちゃ見る！
なぜか幼稚園のときの夢を見ることが多い。

106 死ぬまでに行ってみたいところは？
寿命をのばす薬があるところ(笑)！

107 フライトに絶対持って行くもの！
ホットアイマスクとのどぬ～るマスク！

108 最近、学んだことってなにかある？
いちごは表面のツブツブが実で、実だと思ってた赤い部分は茎ってこと！
超ビックリした。

109「私って、おバカかも…」と思った瞬間は？
夜にサングラスをかけて歩いてたら、電柱にぶつかった…(笑)。なんかいつもより暗いな～って思ったんだ～。

110 海外に住むとしたらどこに住みたい？
L.A. 理由はカッコいいから…！

111「私って、おりこうかも♥」と思った瞬間は？
目的地までの近道をだれよりも先に気づいた瞬間！
せっかちだからって説もあるけど(笑)。

112 もし病んだとしたら、どうやって解決する？
病むことの想像がつかないけど…お風呂で全部流すとか？

113 会ってみたい人は?

安室奈美恵サンとビリー・アイリッシュ!

114 2020年はなにが流行ると思う?

チーズティーとバナナジュース!

115 なりたい[illegible]アニメのキャラは?

おジャ魔女どれみのどれみちゃん♥ いっつも楽しそうだから!

116 人生でいちばんうれしかったこと

うれしいことはいっぱいありすぎて、いちばんとか分からない〜!

117 使ってみたい超能力は?

人の心を読む超能力。テレパシー? みたいなの。

118 お菓子を食べたくなるのはどんなとき?

いつ[illegible] お菓子を食べると気分が上がる!

119 雨の日でも傘をささないって本当?

だって傘をさすとおしゃれに見えなくなっちゃう〜!。

120 もしも総理大臣になったらどんな法律をつくる?

勉強をしなくてもいい法律(笑)。

121 主食はお米派? パン派?

最近はね、パン!

122 もしも男のコになったら、なにをする?

女のコをホメて、モテまくる♥

123 最後の晩餐に食べるのは、なに?

メロンパン!!!

124 過去に戻れるとしたら、いつ? なにをする?

幼稚園のとき、自分で髪を切ってママにすごく怒られたから、そのときに戻って「やめときなさい」と言いたい。

125 JKのうちにやっておくべきことは?

制服を着て、いっぱい写真を撮ること!

126 キライなタイプの人間は?

ウソをつく人!

127 めるるにとって大切な人は?

身の回りにいる全員♥

128 生まれ変わったらなにになりたい?

私!!!

129 世の中からなくなっていちばん困るものは?

ごはん(即答)!!!

130 ここいちばん、がんばったこと!

この本のために私服で100体のコーデを組んだこと!!

131 可愛いと思う名前は?

ぴかちゅうクン

132 宝くじで1億円当たったら、どう使う?

1億円ってどれぐらい? お洋服屋さんをつくりたい!

133 もしも透明人間になったら、なにをする?

まねねのプライベートをのぞきに行く!

134 ドラえもんの道具で欲しいものは?

スペアポケット!

135 人生でいちばん悔しかったこと

やっぱりPOPのJKサバイバルで3位になったことかな…。

136 友だちとケンカしたら、どう仲直りする?

本当に悪いと思ったら、ちゃんと謝る!

137 友だちにコソコソ悪口を言われたらどうする?

気にしな〜いというか、コソコソなら気がつかない(笑)。

138 いまいちばんやりたいことは?

バイキングに行って、端から端まで食べまくる♥

139 いつかは挑戦してみたいことは?

バンジージャンプ!!

140 この本ではじめて明かす、実は○○なんです! は?

実は、足の指がものすごく器用で、本もめくれるし、洗濯物もたためる(笑)。

141 人生でいちばん恥ずかしかったこと

小学生のとき、スカートをはき忘れてパンツのまま玄関を出ちゃったこと!

142 歴史上の人物で会ってみたい人はいる?

ザビエル…歴史上の人物ってほかに知らない。

143 めるるがよく出現する場所は?

渋谷!

144 オススメのプリ機は?

同じ名前だから『Melulu』

145 プリクラでよくするポーズは?

はっぴーす(笑)!

146 プリクラのとき、どんな顔が盛れる?

目線外しかな。

147 変顔は毎日してるの?

なにそれ、してそうに思われてるの(笑)? してないし!

148 写真を撮るときに使っているフィルターは?

iPhoneのノーマルカメラで撮って、インスタでそのときの気分で加工する。

149 どんな20代になりたい?

考え方はちょっとオトナになってたいけど、基本、いまと変わらなくていい!

Love

150 好きな男のコのタイプは?

おもしろい人♥

見た目より性格が大事!

151 初恋はいつ?

小3のとき。

可愛くておもしろい男のコで、よくサムライごっこしてた♥

152 好きな人ができたら、どうやってアピールする?

行動ではアピールできないから、心の中で"気づけ、気づけ"と念じる。

153 好きな人に彼女がいたら、どうする?

あきらめる!

人の幸せはうばいたくないから。

154 好きな人にはなんて呼ばれたい?

呼びすてで『愛瑠』がいい♥

きゃー

155 恋愛において、いちばん重要視することは?

お互いの価値観が合うこと♥

156 プライベートで告白したことはある?

ない! ない!

これからもないと思う。

157 めるる流のモテテクは?

いい香りを身にまとう(笑)。

158 告白はしたい派? されたい派?

絶対に…されたい! 自分からは無理。

159 彼氏ができると、どうなるタイプ?

甘える♡

かまってくれないとダメなウサギ人間になる。

160 許せない異性の行動は?

店員さんとかにえらそうな態度をとる人は許せない!

161 もし彼氏に浮気をされたら、どうする?

許さないと言いつつも、許しちゃう気がする(笑)。

162 男女関係なく友だちになりたいのはどんな人?

自分をちゃんと持っている人。

163 遠距離恋愛したことある?

な〜い!

164 嫉妬したときは、相手に伝える派?

「ちょっと嫉妬する〜」って、冗談っぽく言ってから、きちんと伝える♥

165 バレンタインにチョコをあげたことはある?

ある!! パパとおじいちゃんに♥

166 デートのときは、どんな服を着る?

いつもと一緒。着飾るのは苦手!

167 いま、好きな人はいる?

いな〜い!!!

168 めるるにとって恋愛とは?

え〜、全然分かんな〜い! けど、自然と落ちるもの♥ とかよくない(笑)?

169 結婚願望はある?

ない!!!

いまが楽しすぎて考えられな〜い。

170 理想の結婚生活…って?

うーん…犬を飼ってる、とか?

171 自分の子どもにつけたい名前は?

えー、分かんない(笑)。けど『愛瑠』って可愛いから、同じ名前にしたい♥

172 愛と恋の違いは?

愛のほうが…深い♥

173 なぜPopteenのモデルになろうと思ったの?
GALじゃないし、正直不安だらけだったけど、オーディションに受かったときに「これはチャンスだ!!」と思ったから。

174 モデルのお仕事で大変なことは?
朝がとにかく早いこと!!

187 モデルのお仕事で楽しいことは?
おしゃれなお洋服を着られて、可愛いメイクをしてもらえること。あとは、おいしいごはんとスタッフさんとのおしゃべりも楽しい!

175 モデルになりたいと思ったのは、いくつのとき?
小4!!

188 Popteenでの目標は?
永遠のトップ!

176 ライバルは、だれ?
自分!!!

ポップティーンのコト

ティーンから絶大な人気のモデルめるるの負けず嫌いな部分も♥

いちばんを目指していたい

177 撮影のとき、気をつけていることは?
撮影が一緒のコたちといっぱいお話をすること。いまだに人見知り克服中だから♥

178 POPモデルで良かった♥と思うことは?
自分の好きなものやことをいっぱい知ることができた!! 自分のキャラをちゃんと見つけられたのは、POPのおかげ♥

189 自分でPOPの企画を自由に考えられるとしたら?
1冊まるごとめるる、付録までめるる(笑)

190 いちばん仲よしのPOPモデルは?
ほのばび♥

191 イチオシのPOPモデルは…?
み〜んな♥

192 POPモデルの中で彼女にするとしたら?
ちゃんえな♥
尽くしてくれそうだから〜

179 ニコ☆プチではじめてモデルをやっていたときと、POPでモデルをやっているいま。なにがいちばん違う?
コミュ力(笑)!!!

193 人生のターニングポイントは?
ターニングポイントってなに?
(意味を知ってから)高2!!
『オオカミくんには騙されない』に出てからかな。

194 AbemaTVのオオカミシリーズはいまでも見てる?
見てるよ〜。どのシリーズもおもしろい♥

196 めるるずとやってみたいこと!
バスツアー。いちご狩りとか行けたら、最高!

180 Popteenの好きなところは?
いつでも刺激がいっぱいで、モデルを成長させてくれるところ。

195 後輩のPOPモデルに負けたと思った瞬間は?
ない!
そもそも比べない!!

186 めるるずの好きなところは?
素直で可愛いし、みんな私と似ているのが少しウケてる(笑)♥

197 めるる語誕生の秘話は?
もともと言葉が変だったから、どうせならそれをいかそうってことで誕生した♥

181 Popteenでの呼び名をめるるにした理由は?
直感(笑)!!

198 新しいめるる語、教えて!
この前、めるるずが考えてくれた
『10きゅmi』。
(てんきゅみ)ありがとうって意味だよ。

182 めるるにとって、めるるずはどんな存在?
なくてはならない存在。いなくなってしまったら、なにもがんばれない…!

183 POPモデルとして成長した…と実感するのはどんなとき?
撮影がうまくまわったときと、スタイリストさんに言われる前に小物をつけれたとき!

199 われながらよくできていると思う、めるる語は?
いかぷんまる!
怒っていても怒っているように聞こえない、魔法のめるる語。

184 めるるずにひとことちょうだい
いつもついてきてくれて、10きゅmi!
だいとぅきmiバーガー♥

185 はっぴーすはどうやってできたの?
まねねと新幹線の中で考えた。めるるの"目"と平和の"ピース"を合わせてできたんだよ!

お仕事のコト
お仕事の幅がどんどん拡大しているめるるの、いまの気持ちとやる気をドーン♪
200 モデル以外にやってみたいお仕事は?
TVのお仕事をもっとやりたいな。レギュラー番組が欲しい!!
201 ふだん変装はしてる?
帽子とマスクはしてるよ!
202 お仕事現場でのお楽しみは?
おいしいごはんやスイーツの差し入れ♥
203 お仕事の日、寝坊したらどうする?
寝坊はしない!
けど、もししたら、歯みがきしながらガンダ(ガンガンダッシュ)する!
204 お仕事をするうえでのめるるの強みといえば?
ハッピー感!!
205 芸能界で生きていくために必要なことは?
初心を忘れないこと!
206 DMは全部読んでるの?
なるべく読むようにしてるよ♥
207 SNSでやっているものは?
InstagramとTwitter
208 ぶっちゃけ、休みってあるの?
あんまりないけど、ないほうがうれしい!!
209 めるる的、お仕事ルールは?
1 ヘアピンで気合いを注入!
2 いっぱい食べてパワーをつける!
3 仕事の前の日は遊ばずに早く寝る!
210 バラエティー番組に出るときに気をつけていることは?
いつも以上にパワフル&元気でいる!!
211 テレビに出るようになって変わったことは?
メイクがナチュラルになった♥
212 テレビのお仕事って楽しい?
楽しい!!
いろんな人にハッピーを届けられてる気持ちになれる。
213 出演してみたいテレビ番組は?
チャレンジ系をやってみたいから『世界の果てまでイッテQ!』とか♥
214 YouTubeはなんでやらないの?
いまの自分ではおもしろさを引き出せないから! もっと落ち着いて、おもしろいことを考えられるようになったら、やるかも♥
215 演技のお仕事はしてみたい?
うん♥ 天才の役とかやってみたい。
216 お仕事めるるとプラベめるるはどう違う?
お仕事めるるはメイクしてて、プラベめるるはすっぴん。中身は一緒!
217 2020年の間にかなえたい夢は?
渋谷をジャック!!
218 SNSで気をつけていること!
親近感を大切にしたいから、自分の思ったことや好きなことを素直に発信するようにしてる。ウソはつかない!
219 めるると会うにはどうすればいい?
イベントに来て♥
220 緊張したときはどうやってほぐす?
まわりの人とお話をして、緊張を消す!
221 10年後はどうなっていたい?
予想もつかないくらいにBIGになっていたい!
222 まねね(マネージャー)との一番の思い出は?
いっぱいあるけど、ディズニーに行ったことかな〜
223 自分で冠番組を持つとしたら、どんな番組?
番組名は「めルール」で、世の中のことをいろいろ学びながら、愛瑠流のルールをつくっていく…という番組。意外とお勉強にもなるってやつ♥
224 オーディションがあるときは、どんなことに気をつける?
自信を持つように自分に言い聞かせる。
225 心に残っているお仕事は?
全部!!
226 自分のブランドをつくるとしたら、どんな名前にしたい?
えー、内緒♥
227 人生の目標は?
いろいろなお仕事をがんばって、いつまでもハッピーでいる♥
超えられない壁はないよ! がんばるる♪

ビューティーのコト

ずっと憧れられる存在でいたいからこそ、自分磨きも抜かりなし。美はコツコツ積み重ねること♥

228 どうしてそんなに前髪がキレイなの？
え～うれしい。ストレートアイロンのおかげかな♥

229 肌が荒れたときはどうしてる？
余計なことはせずに、すぐに皮膚科に行く。

230 太ったと思ったらまずなにをする？
食事を見直す！

231 オススメのダイエット方法は？
食べないとかではなく、とにかく運動すること。1駅分歩くとかでもいいと思う！　あとは食べすぎないこと！

232 とぅるとぅるの髪をキープするのに欠かせないものは？
ミルボンのヘアオイル♥

233 ズバリ、身長はいくつ？
たぶん165cm。伸びてる可能性はある…。

234 身長を高くするためにやっていることは？
とくにないけど、厚底をよくはく♥

235 いままでにやって失敗したダイエットは？
グラノーラダイエット…。すぐにリバウンドした(笑)。

236 カラコンでヘビロテしているのは？
エンジェルカラーのアンドミーシリーズ。
お気に入りの色は、コーラル♥

237 スタイルキープの秘密は？
スタイルは、体重よりも見た目が大事。撮影の前はごはんの量をひかえめにするけど、ふだんからやっていることはたくさん動くこと！　身ぶり手ぶりが大きいから手首が細いって言われる(笑)

238 ドライヤーにこだわりはある？
ない！

239 寝る前のルーティーンは？
NETFLIXとリプ返し♥

240 学校に行くときはどんな髪型だった？
中学のときはひとつ結び！

241 はじめてカラコンをつけたときの感想は？
いったあ～い!!!
もう一生とれないかも…。

242 お風呂上がりに必ずやることは？
パック!!

243 いちばん太っていたときの体重は？
46kg…！

244 とある1日の食事を教えて！
朝：じゃがりこ、昼：サラダ、夜：ハンバーガー。私の食事はマネしちゃダメ(笑)！

245 ねぇ、体重を聞いてもいい？
や～だ。それは秘密♥

246 前よりもバスト、大きくなった？
ご想像におまかせしま～す！

247 はじめて覚えてメイクは？
リップ。いろいろ塗って、似合う色を探した！

248 毎日メイクで欠かせないものは？
リップは絶対。だって血色大事だから♥

249 美肌の理由は？
毎日こまめにケア♥

250 アイメイクのこだわりは？
まつ毛はばっちばちに上げる!!

251 優秀だな♥と思うコスメブランドは？
ウィッチズポーチ♥
だってプチプラなのに発色もラメもすごくキレイ!!

252 よく使っているリップは？
ウィッチズポーチのシルキーティントとオペラの赤リップ♥

253 ファンデでお気に入りのブランドは？
ふだん使いならRMK！　アンプリチュードも最近のヒット♥

254 やっぱり自分でも小顔だなって思う？
思わないよ！　もっと小顔になりたいぐらい…。

255 その日のヘアメイクはどうやって決める？
私服を決めてから、それに合わせるようにしてるよ。

256 いちばん自分に似合うと思うメイクは？
赤っぽメイク…かな。

257 アイラインを上手に引くコツは？
アイラインって苦手…。目を開けたまままちょっとずつ引くようにはしてるけど、コツは逆に知りたい！

258 好きなアイシャドーの色は？
キラキラのラメと赤みブラウン。

259 コンプレックスはある？
顔が左右均等じゃないところ…。右側のほうが、好き。

260 脚ヤセで大事なことは？
むくみをとる、に限る！

261 平均睡眠時間はどれくらい？
4時間

262 体を洗うときはどこから？
おなか。

263 はじめて髪を染めたのはいつ？
中3。

264 挑戦してみたい髪の色は？
まっ白♥

265 ショートヘアにしたいと思ったことはある？
思ったことはあるけど、いまは…大丈夫。

266 髪を切るタイミングは？
週1で前髪は切ってる。後ろは傷んだら切るぐらい。

267 髪が傷んだと思ったら、どうする？
ヘアサロンに駆けこんでトリートメントしてもらう。

268 制服に似合うヘアスタイルといえば？
さわやかなポニーテール。

269 夏に使う好きな日焼け止めは？
いろいろ使ってみたけど、ALLIEがダントツ♥

270 女のコでよかった、と思うことは？
メイクやファッションを思いっきり楽しめる♥

271 ズバリ、めるるの顔は100点満点中何点？
いまはスタイルブックの撮影中だし、100点って思いたい!!

272 ヘアアイロンでオススメはある？
アイビルのストレートアイロンがオススメ！

273 ピアスの穴はあいてる？
あいてな～い。

274 自分の中での女子力は？
どんなに忙しくても肌とか髪のケアをがんばってるところ♥

275 美しい！と憧れるのは…？
韓国の女のコの白い肌♥

276 近々、髪を切る予定はある？
ない！　いま、伸ばしてるの♥

277 美容でいちばん重視していることは？
保湿♥

278 いつも可愛くいるために努力していることは？
可愛いを更新し続けるために、毎月、ヘアやメイクのどこかしらを変化させるようにしてるよ！

やりたいことはやってみyo！

ファッションのコト

自分を表現できるお洋服が大好き! ファッションのことだったら、ずっと考えられる♥

279 最近のオススメのブランドは?
『KOBINAI』かな。 映えるもん!

280 おしゃれに目覚めたのはいつ?
高校生になってから♥

281 洋服ってどれくらい持ってる?
今回、私服100コーデ組めたぐらいは余裕である!!

282 お気に入りのプチプラブランドは?
ベルシュカ♥

283 新しく好きになった色は?
最近、ピンクが好き。ビビッドなのも、くすんでるのも♥

284 シルバーピンはどこで買うことが多い?
ギャレリーとスピンズ!!

285 めるるにとって[illegible]といえばどこ?
おなか♥

286 もう、ガーリーは着ない?
ザ・ガーリーは着る機会はないけど、ストリートに甘さをちょい足しするのは好き。

287 シルバーピンの次は、[illegible]
イヤカフに注目してる♥

288 自分のおしゃれに新しくテイスト名をつけるとしたら?
めるリート!!! よくない(笑)?

289 お買い物はだれと行くことが多い?
最近は1人かな。

290 [illegible]といえば?
バレンシアガのギラギラのバッグ!!

291 ミニスカは何歳までOK?
何歳まででもOK! だって、おばあちゃんになってもミニスカをはきたいし♥

292 中学生のときはどんなおしゃれが好きだった?
甘めなファンシー系(笑)。

293 お買い物をするときの決め手は?
直感!!! マジで秒で決まる(笑)。

294 いま、注目のおしゃれアイテムは?
パステルカラーのセットアップ!

295 おしゃれであか抜けるためのコツは?
引き算をする。いろいろ試してみて、最後にちょっとだけ引き算するといいよ♥

296 写真で盛るには、どうしたらいい?
研究あるのみ!!

297 買ったけど似合わなかった洋服はどうする?
どうにかして似合うようにがんばる(笑)。

298 めるるとおそろにしたいなら、なにを買うべき?
とりあえず髪はストレート! 服だったら、ハデ色のスエットとか♥

299 お買い物でよく行く場所は?
裏原宿

300 毎日のコーデはどうやって決めるの?
その日に着たいアイテムを1つ決めてから、それを中心に決めるよ。

301 自分に似合うファッションはどうやって見つけたの?
まず好きだなと思うアイテムを見つけること。あとはそれが似合うように努力するだけ!

302 香水はいくつぐらい持ってる?
いま使っているのは5個ぐらい。柑橘系の香りが多いよ~。

303 靴下をはくときは右から? 左から?
日によって違う! せっかちだから手にとったほうからはく!

304 見た目的にあか抜けたかもと気づいたのはいつ?
高2! 自分でもだけど、まわりからも言われた。

305 寝るときはなにを着てる?
ジェラートピケのモコモコパジャマ。

306 306問に答えてみて、どうだった?
想像以上に多かったけど、楽しかった。全部本音で答えたよ!

#めるのふく

日々のストリートファッションGO!!

ファッションマニアめるる持ち込み企画♥

怒涛のめるる私服100スターティン！

おしゃれが大好きなめるるの私服を100集めたyo！ 最近グッとオトナっぽくなって着こなしもアップデートしためるるを見て、ね♥

パーカ／フレッシュアンチユース　パンツ／L.H.P.　靴／NIKE　ピン／いただきもの

2
落書きみたいなアウターは
はおるだけでインパクト大♥
アウター／Bershka　トップス／ザ・ノース・フェイス　ネックレス／ギャレリー
3
モノトーンにはネオンを
差すのがお約束だyo！
トップス／ Montley　ベスト／コピナイ　パンツ／エヴリス　帽子／X-girl　靴／ NIKE
4
たまには超ラフも着たくなる
遊びゴコロはポッケにON★
トップス／ロマンティックスタンダード　中に着たビスチェ／ウィゴー　パンツ／コルミーベイビー　靴／プーマ
5
メンズっぽくダボっと！
何にも縛られたくないカラ
パーカでカジュアルダウン。セットアップ／ FOLTE　パーカ／リエンダ　靴／ Dr. Martens　イヤリング／ギャレリー
6
パープルと黒のコンビは無敵
ミニのレザーで、とことん辛め♥
ダボとミニのペアで、スタイルUPも狙っちゃえ～！ パーカ／X-girl　ショートパンツ／(me)
7
カジュアルな元祖めるスト！
めるるずにも人気なの♥
差し色は赤オンリー！ トップス／ DLSM　ショートパンツ／ WEGO　靴下／BEAUTY & YOUTH　靴／コンバース

8
キレイめコーデにシャツで抜け感を出すのがポインツ♥
色みて可愛さもプラス！ ジャケット、パンツ／ともにスパイラルガール 中に着たシャツ／X-girl 靴／Dr. Martens
9
オールブラックGIRLセクシーなめるるも、好き？
トップスのさりげないロゴにときめき。トップス／(me) サロペット／M.Y.O.B NYC 靴／Dr. Martens ピン／スピンズ
10
シンプルと見せかけてだいたんゼブラが、ひょこ♥
お気にのパンツは被り知らず♪ トップス／ザ・ノース・フェイス パンツ／ジーナシス 靴／Dr. Martens
11
絶妙なグリーンが可愛杉 テーマはラッパーの休日！
パーカ／G.V.G.V. ショートパンツ／ナディア フローレス エン エル コラソン 靴／Dr. Martens
12
目を引くプリントシャツはワンピ風に着るのが、よき♥
ロングブーツが、女性らしさを後押し♥ シャツ／通販 ショートパンツ／(me) 靴／エヴリス ピン／いただきもの
13
ラテカラーのサロペってレアでテンション上がる！
サロペット／エゴイスト 中に着たトップス／ロマンティックスタンダード 靴／エヴリス チョーカー／いただきもの

14
こっくりカラーにハマリ中
オトナだし、SNS映えだし♪
トップスについているベルトがオトナ感のスパイスになるの。ニット、パンツ／ともにDIESEL 靴／Dr. Martens
15
ヘルシーな肌見せパーカ
ジョガーとの相性最強説★
パーカのヒモは長くダランが正解。パーカ／アトモスピンク パンツ／L.H.P. 靴／プーマ ピン／スピンズ
16
コーデュロイと藍色がツボ
行動まで上品になっちゃう♪
セットアップ／LAGUA GEM 中に着たトップス／エヴリス 靴／NIKE チョーカー／ギャレリー
17
ロゴ×ヒョウ柄がクール！
とことんバブリーな強めるる
このボトム、じつは透けてるの♥ トップス／RNA パンツ／アトモスピンク 靴／NIKE イヤリング／(me)
18
メンズサイズのパーカを
1枚でやんちゃに着てみた★
存在感のあるグラフィックロゴがツボ♥ パーカ／Bershka ショートパンツ／(me) 靴／エヴリス
19
おしのびコーデは黒多め！
ライムはずーっととぅき♥
背中のロゴでアクセント。パーカ／クリスチャンダダ バッグ／KENZO パンツ／Bershka 靴／NIKE

20
おめめのイラストに運命を感じて即GET♥
モノトーンで統一! 帽子/G.V.G.V. トップス/X-girl 靴下/ボンジュールボンソワール 靴/NIKE
21
キレイめシャツにはビリビリデニムぐらいがちょーどっ!
ベレー帽がいまどきでしょ♪ 帽子/不明 シャツ/ミルクボーイ パンツ/LAGUA GEM 靴/Dr. Martens
22
ゼブラとふわチュールの複雑な関係性にやられたっ♥
トップス/ジュエティ ショートパンツ/ナディア フローレス エンエル コラソン 靴/エヴリス
23
たまにはホワイトが気分♪ 海外アーティストみたい?
太ももチラ見えがポイント。トップス/X-girl パンツ/スピンズ 靴/NIKE チョーカー/ギャレリー
24
おしゃれな服ならパパのスエットだって、OK♥
小物でオトナ見せ。トップス/ザ・ノース・フェイス パンツ/エヴリス バッグ/スパイラルガール 靴/NIKE
25
クマ柄って可愛くない? ジャケット/X-girl トップス/コピナイ ショートパンツ/(me) 靴/エヴリス
26
デニムだと甘くなりすぎなくて◎。ワンピース/スパイラルガール 靴/エヴリス ピアス/ギャレリー
27
辛口なデザインが味! トップス/ランドバイミルクボーイ 靴下/ボンジュールボンソワール 靴/Xu
28
トップス/DLSM パンツ/X-girl イヤリング/いただきもの チョーカー/WEGO 靴/Dr.Martens
29
モノトーンでもシンプルはNO!!! トップス/コピナイ パンツ/(me) 帽子/X-girl 靴/エヴリス

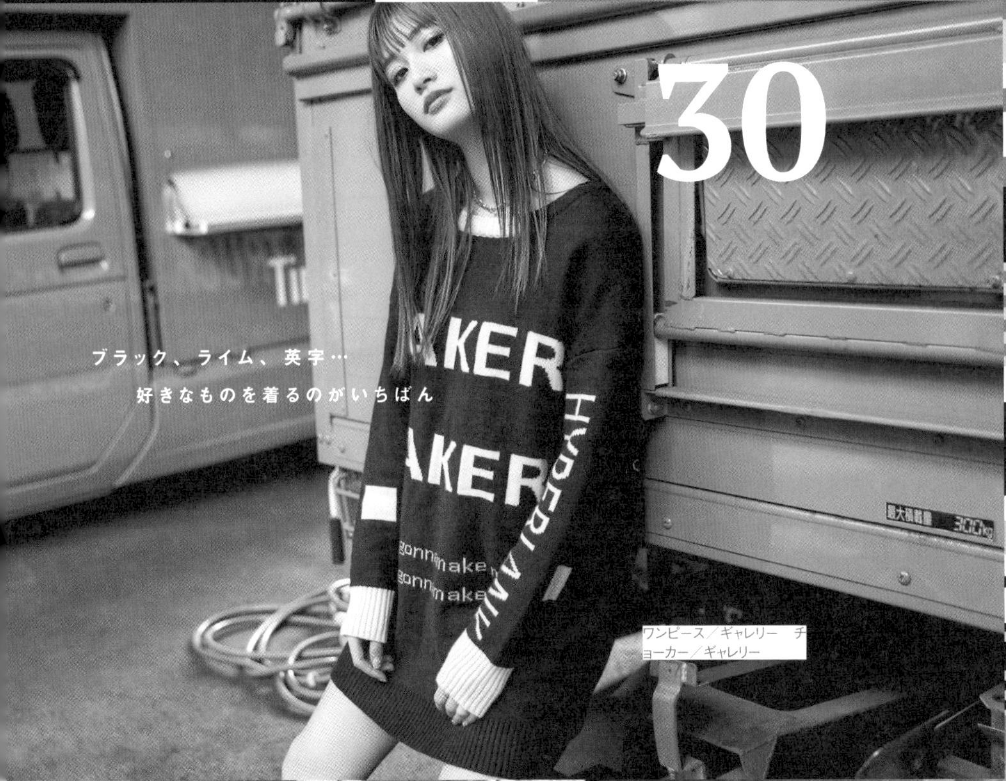

30

ブラック、ライム、英字…
好きなものを着るのがいちばん

ワンピース／ギャレリー　チョーカー／ギャレリー

31

派手派手オレンジを着ると
それだけでHAPPYになれる

トップス／ジュエティ　パンツ／通販　帽子／X-girl
靴下／不明　靴／NIKE

きょうはタピオカ飲んでみて。元気出るかも！

#めるのふく着回し

カジュアルベースでキャラチェンも楽しいyo!!

32

ブラック×ヒョウ柄で攻めた強めるるの完成〜♥

柄はシンプルアイテムと相性◎　トップス／ザ・ノース・フェイス　スカート／X-girl　イヤリング／ギャレリー

33

ちょいカジュアルな女のコを意識したコーデだyo!

カーディガン／LAGUA GEM　トップス／DLSM　ヘアゴム／ナディア フローレス エン エル コラソン　ピアス／ギャレリー

34

ビッグシルエットのシャツはアウターとしても着ちゃう♪

ボーイッシュなコーデになりすぎないよう、ブーツを合わせて女のコらしさをプラス！　ジャケット／L.H.P.　パーカ／エヴリス　靴／Dr. Martens　イヤリング／いただきもの

35

動きやすい＆かわなコーデ♪今すぐフェスにGOしてぃ！

サロペット、トップス／共にBershka　帽子／サンキューマート　チョーカー／ギャレリー　靴は着回し。

36

トップスは着回し。パンツ／LAGUA GEM　イヤリング／いただきもの　ネックレス／スピンズ

37

ジャケットを合わせてめる的リクルートスタイルがテーマ

ジャケット／通販　トップス／コピナイ　スカート／Never Mind the XU　帽子／WEGO　ピアス／ギャレリー　靴／エヴリス

38

白と緑のチェックって原宿ポップいぇいって感じー★

シンプルなパーカでも柄モノを合わせると地味にならないからオススメ！　パーカ、ショートパンツ、靴は着回し。

39

白パーカとゴールドアクセでシンプルめるな気分♪

スリット入りパンツでストリート感UP。トップス／リエンダ　パンツは着回し　靴／NIKE　ネックレス／不明

40

ビッグシルエットシャツで即インパクト増し増し!!

ダークカラーがメインでも、ビッグロゴとチョーカーで地味見え回避！　シャツは着回し。チョーカー／ギャレリー

41

モノトーンでオフ感あるけどゼブラ柄でNOT地味★

トップスは着回し。パンツ／ fith　ピン／スピンズ　ネックレス／いただきもの　靴／ Never Mind the XU

パンツでインパクト出すのが
める流上級ストリートだ yo!!

42

ハデなパンツも白パーカでカジュアルに！　パーカと靴は着回し。パンツ／(me)　イヤリング／いただきもの

43

パーティーさんまいな女のコに妄想でなりきってみta♥

サロペット／ナディア フローレス エンエル コラソン　カチューシャ／いただきもの　チョーカー／オパール

44

やさぐれエンジェルが目立つトップスが可愛杉!!

シャツと合わせてオトナっぽく！　トップスは着回し。シャツ／.KOM　ピン／いただきもの　靴は着回し。

45

動物園に行ったら動物たちに仲間だと思ってもらえそっ♪

ヒョウ柄もモコモコ素材ならカジュアルにぴったり★　パーカ、スカートともに着回し。ピアス／いただきもの

#派手派手海外ガール　デザイン

46 ジャケット、中に着たトップス／ともに通販　スカート／WEGO　ブーツ／エブリス　チョーカー／ギャレリー

47 トップス／ボンジュールガール　くつ下／BEAUTY&YOUTH　靴／NIKEバッグ／KENZO　チョーカー／ギャレリー

48 モノトーンでそろえてコーデも、柄MIXならうもれない！　トップス／X-girl　パンツ／(me)　靴／Dr.Martens

49 ブルゾンは、肩落として着るの。アウター／ジュエティ　トップス／X-girl　ショートパンツ／(me)　靴／Dr. Martens

50 太ももをファーでサギる裏ワザ！　トップス／M.Y.O.B NYC　スカート／ナディア フローレス エン エル コラソン

HADE　HADE　FOREIGN　GIRL

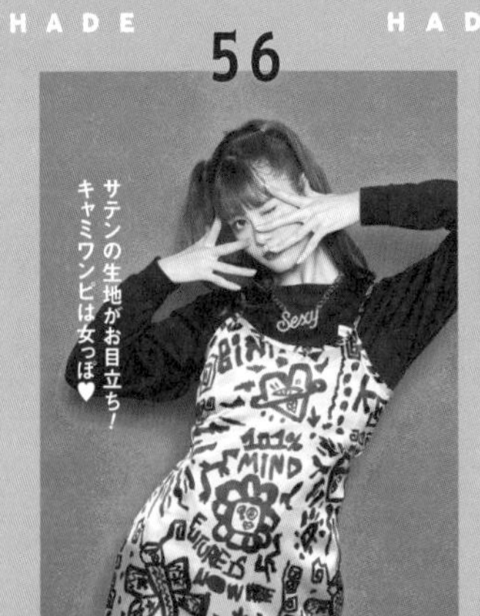

インナーは黒で締める。ワンピース／コピナイ　中に着たトップス／ザ・ノース・フェイス　ネックレス／ギャレリー

シルバーのゆれるピアスは、リップ型にひと目ボレした。シャツ／M.Y.O.B NYC　スカート／WEGO　ピアス／ギャレリー

スカートのロゴテープはあえて、ダランと。トップス／ロマンティックスタンダード　スカート／(me)　靴／エブリス

とか色とか目立つのだいとぅき♥

フォトプリントの総柄ってめずらしい。ウエストマークして女性らしさも忘れないよ。ワンピース／ジュエティ　靴／Xu

ラフになりすぎないエリつき。よく見ると細かいラメ入りだよ。トップス、パンツ／ともにディジット　靴／Dr.Martens

オレンジと黄緑の組み合わせが爽やか。スカート／ともにコビナイ　靴／Dr.Martens　カチューシャ／いただいたもの

スカートの柄がハデなぶん、ほかは無地のアイテムで引き算。トップス／CYCLCT　スカート／WEGO　靴／エブリス

フードにはラインストーン。パーカ／X-girl　スカート／通販　くつ下／ボンジュールボンジュール　靴／Dr.Martens

HADE HADE FOREIGN GIRL

59

マルチストライプでレトロに着こなす。
ボーダーは細めが断然海外っぽ！
ワンピース／(me)

60

レザーでちょい辛要素も！
トップス／X-girl　スカート／コビナイ
バッグ／ボンジュールガール

61

アウター、トップス／ともにBershka
ショートパンツ／ナディア フローレス エン エル コラソン　靴／SPIRALGIRL

MERURU

62

ヘンテコ外人さんがツボすぎて思わずゲトっちまった♥

パンツはリフレクター素材。チラっと見えるだけでおしゃれ。パーカ／DLSM ショートパンツ／Bershka 靴／Dr.Martens

63

背中のプリントがタイプ杉、レオパードもたまらんネ！

ワンピにがカジュアルなぶん、ブーツはレザー合わせで、子どもっぽくならないように。シャツ／コビナイ 靴／エヴリス

64

BLACKPINKみたいな、品と強さがほしぃ！

切りっぱなしパーカから見えるインナーが色っぽ。パーカとトップスのセット／(me) スカート／WEGO 靴／Xu

MERURU

MERURU

MERURU

65

66

67

MERURU

MERURU

MERURU

MERURU

異素材MIXって、おしゃれ上級者感がプンプン♪

たま〜に着るアジアンテイストな服って、エモイイ♥

オールブラックなパーティーコーデ♥ セレブに見える？

ビニール素材がシンプルなスエットに遊びゴコロをプラス。トップス／ギャレリー パンツ／通販 靴／Dr. Martens

ワイパンは、ハイウエストでスタイルUPがお得。トップス／Bershka パンツ／(me) 靴／NIKE ピアス／クレアーズ

ファーがついたロングジャケットを、ワンピ風に着こなし！ベルトつきジャケット／通販 くつ下／不明 靴／Xu

メッシュってコーデの幅が広がるから、買って損なし♥
メッシュのトップス、中に着たトップス／ともにロマンティックスタンダード パンツ／WEGO 靴／Dr.Martens
ピタッとしたラインの服も、黒なら挑戦しやすい。ジャケット／通販 ワンピース／スピンズ 靴／NIKE
高見えなレザーワンピにドキ 足元はスニーカーで外すよ♪
子どもっぽくしたくないなら、ワンピとして1枚でシンプルに着るのが正解。シャツ／Bershka 靴／Dr.Martens
たまにはキャラものもイイne アメリカンがドストライク!
代々木公園でゆうがにヨガ…みたいな暮らしがしたい♥
スポロゴが入るだけで、プチプラ感が消える! パーカ、パンツ／ともに Bershka 中に着たトップス、靴／ともに NIKE
ちょっぴりオトナバージョンで「魔女の宅急便」のキキ風♥
72
だいたんなパフスリーブが、オールブラックコーデを華やかにアプデ。トップス、スカパン／ともに通販 靴／エヴリス
75
足元はタイトにメリハリ。レイヤード風ワンピース／ロマンティックスタンダード ショートパンツ／(me) 靴／エヴリス
レイヤード風アイテムがとうき お財布にやさしーんだもんっ
スカートとセットのお得なチェーンは、あえてド真ん中に。ニット、スカート／ロマンティックスタンダード 靴／Dr.Martens
派手派手ニットは×黒が失敗しないカギですya!
73
BIGシャツをプリーツIN! 大きめ総ロゴがさいくぅぅう
ちょっぴり冒険なアイテムこそプチプラでおさえるべしっ☆
76
全身プチプラアイテムでもカジュストなら映えるンデス♪
77
78
安い女って思われたくないけど服はチープってね♥にひひ
中に着る服はとことん派手。メッシュのトップス／ギャレリー 中に着たトップス／WEGO ショートパンツ／フォーエバー 21
気に入ったらメンズアイテムもGET。シャツ／フォーエバー 21 スカート／ロマンティックスタンダード 靴／Dr.Martens
みんなの目を引くインパクトジャケットは、前を閉じてワンピース風に着る♪ ジャケット／(me) 靴／エヴリス
上品な女っぽコーデをゼブラ柄のミニスカでカジュアルダウン。アウター／通販 スカート／WEGO ブーツ／エヴリス
#プチプラ naめるのふく
めるるずのみんな、マネしてne!

79

クセシャツは白ベースだとハイブランド見えするンだ

シャツは半分だけINして、脚の長さを際立たせる。シャツ／ロマンティックスタンダード パンツ／(me) 靴／Dr.Martens

80

幸せカラーのレインボー！お値段も安めではっぴーす♥

ハーネスしめて、ワンツーコーデにスパイスを。ニット、スカート、ハーネス／以上WEGO 靴／Dr.Martens

84

デコルテをチラッと見せてヘルシーさをプッシュ☆

オトナ見えする部分肌見せだって、プチプラSHOPで手に入る。トップス／W♥C パンツ／Bershka 靴／NIKE

83

ドハマりしてるメッシュはカラバリ豊富に集めるる★

BIGロンTは、ボトムにINしてもグー。ベスト／ジュエティ 中に着たトップス／モンテリー 靴／Dr.Martens

81

コーデをリッチ見せしたいならシルバー小物が不可欠ちゃん♪

トップス／通販 パンツ／フォーエバー 21 靴／コビナイ カチューシャ／ナディア フローレス エン エル コラソン

82

ロンドンパンクみたいなチェックに心を奪われちった♥

定番柄だと、単品使いもしやすい♪ ビスチェ、スカート／ともに通販 中に着たトップス／Bershka 靴／Dr.Martens

85

主役にも脇役にもなるシースルーインナーが優秀

ビスチェ、スカート／ともに通販 中に着たトップス／ロマンティックスタンダード 靴／Dr.Martens

86

ダンス練するときは、こんな！見た目も実用性もガマンしない

インパクト大なロゴドン。運動するときもおしゃれはマスト。トップス／ロマンティックスタンダード パンツ／(me) 靴／NIKE

87

甘くない意地っぱりピンクがストコーデにマッチ！

チュールの中には、タイトスカートがこっそりセット。トップス／ジュエティ スカート／ラスボア 靴／Dr.Martens

88

見た瞬間にひと目ボレしたゼブラにドキドキ…♥

ウエスト見せして女らしく。オーバーオール／ロマンティックスタンダード 中に着たトップス／フォーエバー 21 靴／Xu

#エブリデーレッドカーペット パーティーは1回も行ったことないけどne♥

Everyday Red

せっか　　会場で

い　　ちゃne

89

めるの中の"オトナ"を引き出す
まっ赤なチュールワンピ♥

ロングスカートで足首まで隠すぶん、肩まわりはこれでもかとだいたんに。ワンピース／DIESEL　靴／通販

90

主役アイテムをあえてペアに。トップス／(me)　スカート／コピナイ　靴／エヴリス　チョーカー／ギャレリー

91

めためた可愛いレースワンピに
ビビビッと運命感じちゃった!

ドレスワンピに、あえての×マーチンがパンク!　ワンピース／X-girl　靴／Dr. Martens　ピン／ギャレリー

92

ハンサム柄もさらっと着て
みんなの視線を独占したいの!

ウエストのしぼりでスタイルUPも。セットアップ／ロマンティックスタンダード　中に着たトップス／LAGUA GEM

93

キラキラスパンコールは
男ウケより自分ウケって、ね!

トップス／コピナイ　ショートパンツ、イヤリング／ともにギャレリー　靴／Dr. Martens

94
白のフワフワチュールは
いつかの結婚式まで、ガマン♥
Tシャツでカジュアルダウン。トップス／Bershka スカート／ジュエティ 靴／コピナイ ピアス／ギャレリー
97
98
黒のドレスは頭のゼブラを
もっと引き立てるため！
色が重いぶん、肌見せでぬけ感を。ワンピース／ZARA ヘアゴム、イヤリングともに／(me) 靴／エヴリス
95
みんなと差をつけたいなら
レトロオルチャンも、あり♥
スカートはいつもよりハイウエストに。トップス、スカート／ともにZARA ブーツ／エヴリス ピアス／ギャレリー
トップス／ザ・ノース・フェイス ビスチェ／コピナイ ショートパンツ／ナディアフローレス エンエル コラソン
テーマは小悪魔ゴージャス
みんなメロメロに、な、あ、れ♥
Carpet
Finish!
100
99
➔タイトなシルエットで色っぽ！ トップス／ナディアフローレス エンエル コラソン ショートパンツ／ギャレリー
お気にのシャギーとレザー♥
お呼ばれコーデで見せつけ！
96
甘〜いドットとチュールに
デニムとチェーンで対抗♥
あえてデニムパンツで外すのが新鮮。トップス／ZARA パンツ／Bershka 靴／コピナイ ベルト／スピンズ
とっておきのBIGフリル♥
小物なしでもおなかいっぱい
トップス／ロマンティックスタンダード ショートパンツ／ナディアフローレス エンエル コラソン 靴／エヴリス

Meruru

セシルマクビーの服は
モテるるってかんじ〜♥

Mote 5coordinate

モテ♡めるる 5コーデ

むかしのレトロな女優さん風♥
ハンサムな映画スターとデート！

別々でも使えるって最高♥ ひざ丈って上品だし、年上の人からも好かれそう！ セットアップ ¥7689、スカーフ ¥2420、シューズ ¥6589／以上セシルマクビー渋谷 109店

恋をするとやっぱりガーリーな服が着たくなる♥ってね。セシルはお財布にもやさしい！

変形すそだから甘すぎず
おしゃれ感を出せるる♪
くすみカラーっておとうな♥ ベストつきワンピース ¥6589、シューズ ¥5489、床に置いたバッグ ¥2750／以上セシルマクビー渋谷 109店
リゾート感のある花柄なら
海外ガールになれる！
歩く度に変化がでるやわらか素材で視線を奪う yo♥ ワンピース ¥7689、ベルト ¥2750、バッグ ¥2970／以上セシルマクビー渋谷 109店
サファリな配色って
ほどよくカジュアルでとうき
鎖骨見せってドキッとするでしょ？ ベルトつきチュニック ¥5489、ショートパンツ ¥5489、帽子 ¥3289／以上セシルマクビー渋谷 109店
ピクニックに行きたくなる
爽やかガーリーコーデ
シンプルに見えて、じつはデザインに凝ってるの♪ ブラウス ¥4389、パンツ ¥5489、バッグ ¥4389／以上セシルマクビー渋谷 109店

SILVER ACCESSORIES
SILVER A
ZARA
FROM MERURUS
めるる's
だいとぅきmi
アイテム
Check!
めるるが好き杉る4テーマのアイテムをピックUP♥
載せ切れないくらい持参してた♪
X-girl
XGIRL
205
FROM MERURUS
SPINNS
KISS
GIRLS
SPINNS
OHPEARL
VIBES
SILVER ACCESSORIE

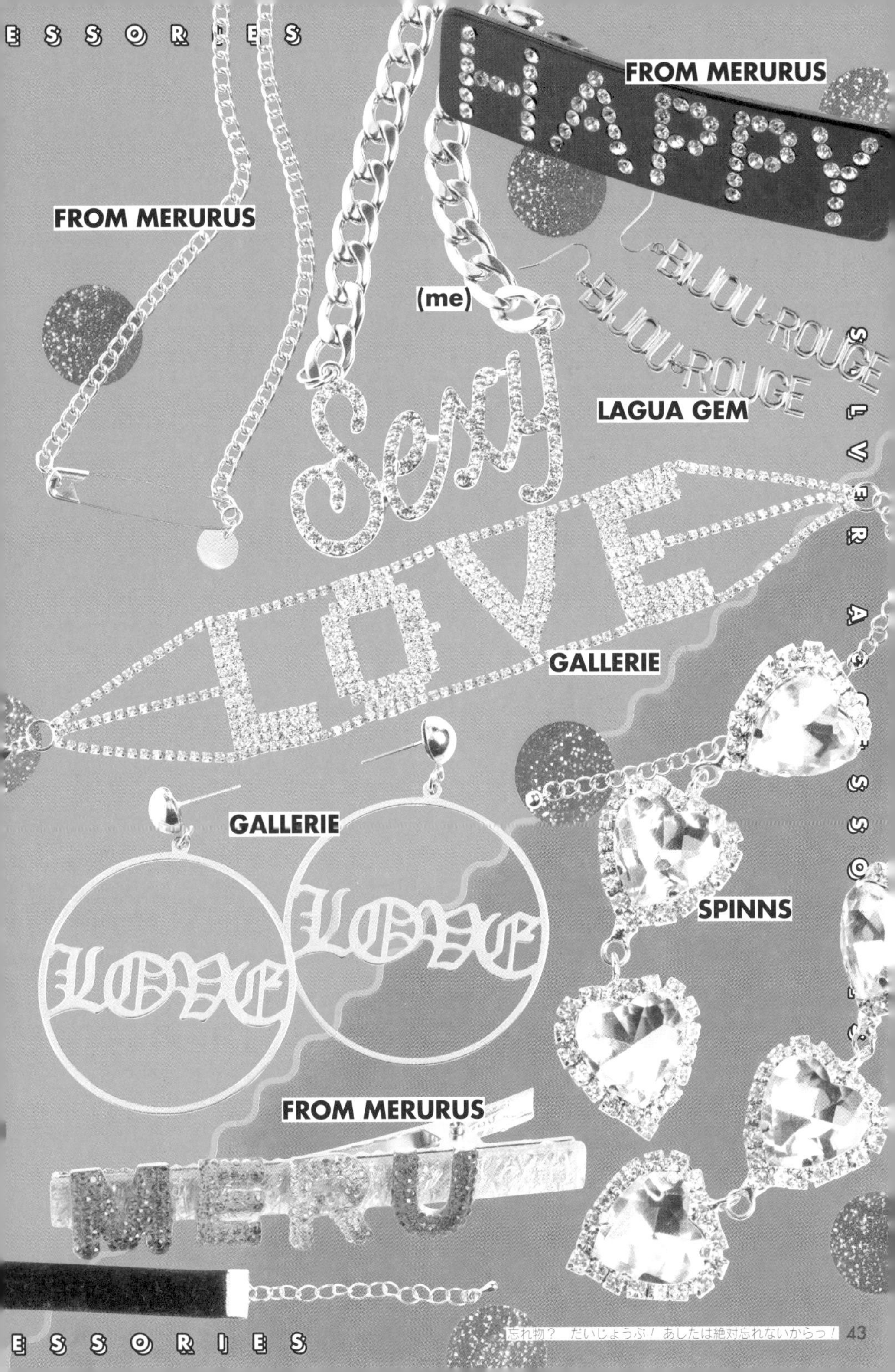
ESSORIES
FROM MERURUS
HAPPY
FROM MERURUS
(me)
BIJOU-ROUGE
BIJOU-ROUGE
Sexy
LAGUA GEM
SILVER ACCESSORIES
LOVE
GALLERIE
GALLERIE
LOVE
LOVE
SPINNS
FROM MERURUS
MERU
ESSORIES

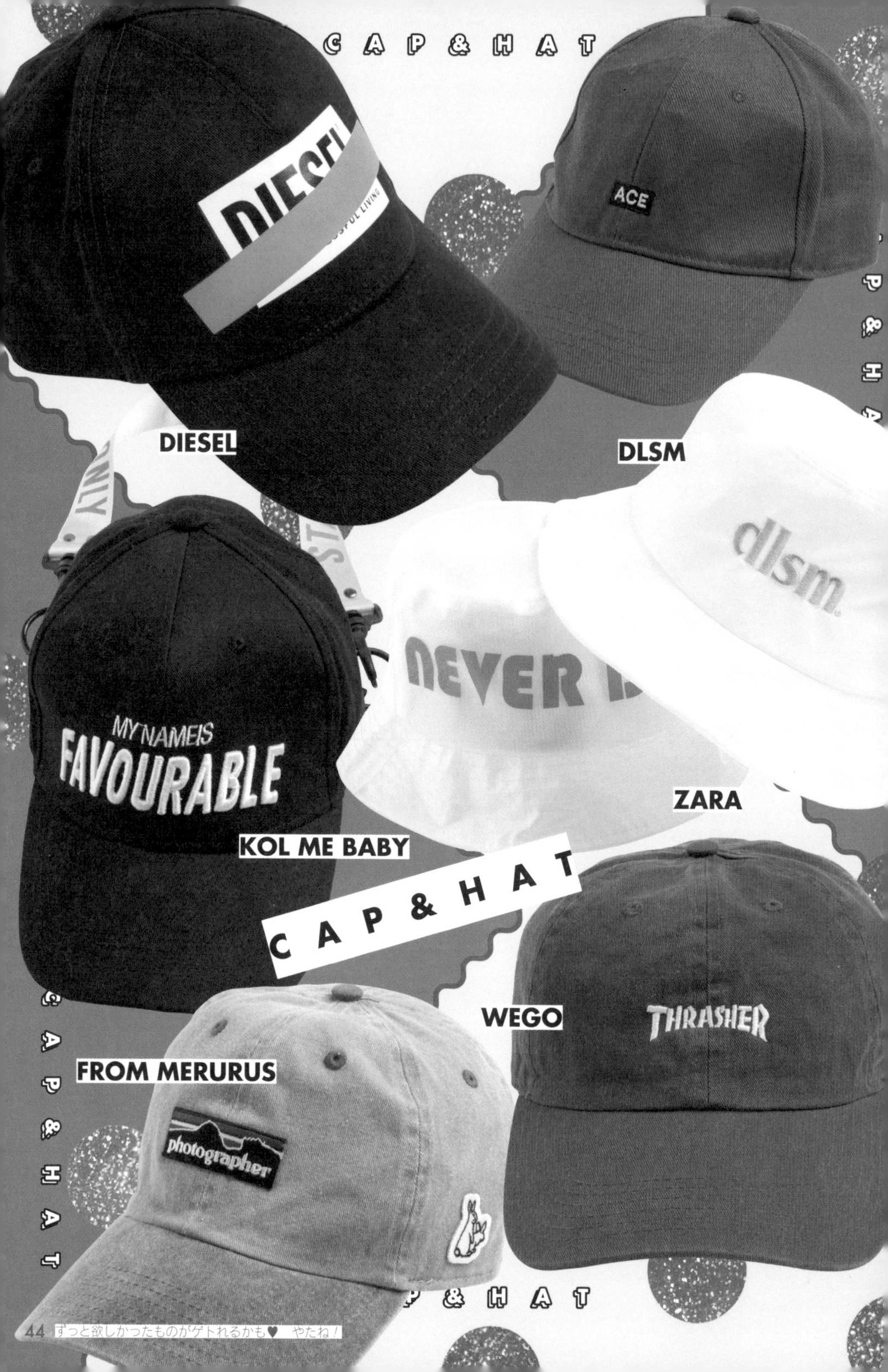

CAP&HAT
DIESEL
ACE
DLSM
dlsm.
NEVER I
ZARA
MY NAME IS
FAVOURABLE
KOL ME BABY
CAP&HAT
WEGO
THRASHER
FROM MERURUS
photographer
CAP&HAT

THE SIMPSONS & SNACK
mentos
CHEWY DRAGEES
SNICKERS
Pringles
うましお味
Made in USA
HONEY ROASTED PEANUTS
NET WT. 227g
KitKat
サクッサク食感!
milky
ミルキーいっしょに食べよ♪
FUJIYA
男梅グミ
手塩にかけた心にしみる梅え味
梅干しパウダーコーティング
濃厚梅干し味グミ
Peko
CRUNKY
ストロベリー
かむたびチョコサク!
LOTTE
Calbee
ピザポテト
ザクザクとろ〜りチーズ
PIZZA POTATO
コンビニ限定
マイク・ポップコーン
FritoLay
mike
POPCORN
北海道産バ
パウダー使用
濃厚バターしょうゆ
ポテトチップス
コンソメWパンチ
THE SIMPSONS

イロイロめるる

LOOK AT ME♥

♥ ♥ ♥

モデルになってなかったら何してたんだろ?　どんな場所にいたって、

ポジティブ&ハッピーな女のコでいたい♥　感謝を忘れず、初心を忘れず、

大好きなめるるずたちとずっとずっと一緒に成長したい na〜!

小学生
勉強だいっキラーイ！

ラグビーガール
めるると
めるるずは
ONE TEAM!

チアガール
みんな、
がんばるるだyo♥

リクルートガール
生見はただいま
離席しておらっしゃいます。

Meruru's

Beauty♥

#めるの努力

めるるの〝可愛い〟をつくる基本のビューティールーティーン！

モデルだって日々、努力してる！ 努力を見せるのはあんまり好きじゃないけど、POPで伝わる努力が大事なことも学んだよ！ 可愛さは毎日更新していたい♥

「〝可愛いね〟は素直に
m!♥」

ぶきっちょでもオッケー♥

める's時短アイメイク比較

DAILY

オトナなブラウンで万人ウケする目元が最近の新定番！

毎日

Switch!!

映え

PLAYFUL

カラーを重ねて特別な存在感を発揮する目元に！

40％水分配合で、メイクしながら目元ケアもできるアイシャドウ！ ひんやり＆しっとりな使い心地。各¥1045／アスリーエイチ

Witch's Pouch（ウィッチズポーチ）のウォータリースティックシャドウなら塗ってボカすだけ♥

（2020年3月現在）

毎日メイク
ブラウンの濃淡でメリハリ！
WITCH'S POUCH
Use it!
肌になじむオレンジ×ブラウンの組み合わせは、しっかりメイクでも濃くかんじない！ ブラシがいらないのもラクチン！
1
03番（上）のオレンジみブラウンをふたえ幅に塗って指でラフにボカす。
2
同じ色を下まぶたの目尻側にもON。スティックタイプだから簡単！
3
01番（下）の濃いブラウンを上まぶたの目尻キワに重ねて引きしめ！
ピタッとシャドウが密着するから、落ちにくいのもラフ♥
このスティックシャドウに出会ってから
メイクの幅が広がったyo！
映えメイク
下色を変えて派手盛り♥
WITCH'S POUCH
Use it!
しっかりラメ感があるから、カラーメイクでも浮かずに日常使いできるよ。3色使えば、なんかいいことありそう♥
広い部分にはボカして、細かい部分にはピンポイント塗り！
1
02番（上）のピンクをふたえ幅に塗って、少し広めに指でボカす。
2
04番（中）のグリーンを下まぶたの中央にだけON。涙袋を強調！
3
05番（下）のパープルはピンクに重ねる＆目頭にくの字に塗ってキラ！

BEFORE

最近の定番セルフメイク

乾燥しやすくて血色はやや悪め…
子どもっぽいすっぴんフェイス！

MERURU'S SELF MAKE-UP

めるるがいま気に入っているセルフメイクのハウツーをわかりやすく、ナビゲート。使用アイテ

メイク時間
30分くらい！

はじめてメイクしたのは
小学4年生♥

1か月に使うコスメ代
毎月のご褒美として3万円くらい！

1

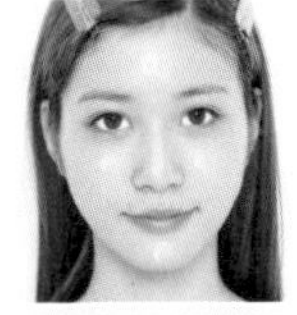

「Aの下地をおでこ、両ほお、鼻先、あごの5点におく。あとは指で均等に伸ばして、肌にフィットさせる」

2

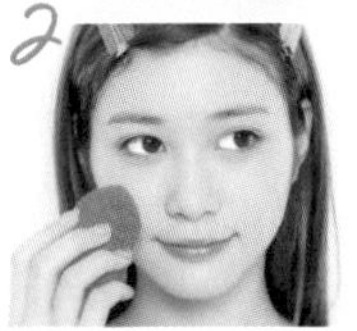

「Bのファンデも下地と同じように 5点おきにして、水をふくんだスポンジでトントンと肌にたたき込む」

3

「コンシーラーは 2色づかい♥ Cの明るめの色(1.5)は目の下のクマカバー用。ハイライト効果もあるよ！」

4

「Cのちょっと暗めの色(02)は小鼻とニキビの赤みを消すために使う。チップのあとは指でトントンする」

5

「肌にツヤは出したいけど、おでこのてかりはおさえたい。だからDのパウダーをおでこにだけプラス♥」

6

「Eの濃い色と真ん中を混ぜて、眉尻だけ描き足す。そのあと Fで、眉頭の毛を立てて眉に立体感を出す」

7

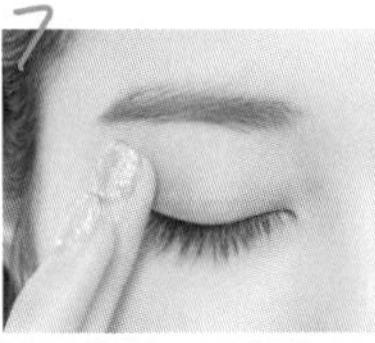

「Gの左上のベージュで目を囲む。さらに Hの右下を二重幅に重ねる。どちらも指でやるのがポイント！」

8

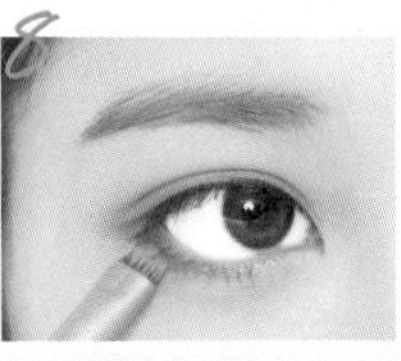

「Hの右下を黒目の下から目尻まで細めに塗ったら、Iの下段の真ん中を同じところに重ねて引き締める」

Use item

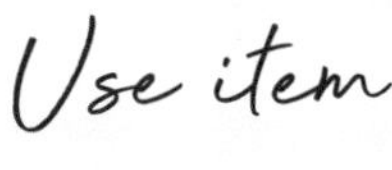

A

アンプリチュード クリア カバー リキッドベース

B

アンプリチュード ロングラスティング リキッドファンデーション 20

C

(左)ザ セム チップコンシーラー 1.5
(右)ザ セム チップコンシーラー 02

D

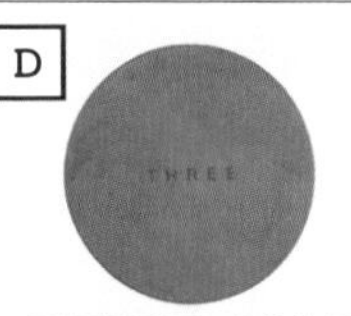

THREE アルティメイトダイア フェイス ルースパウダー 01

E

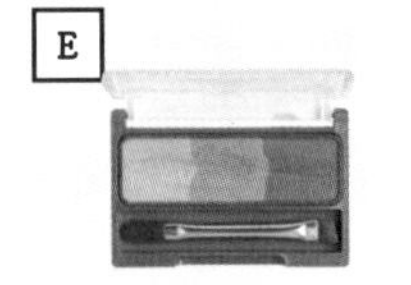

セザンヌ ノーズ&アイ ブロウパウダー 02

F

ケイト 3Dアイブロウカラー BR-1

G

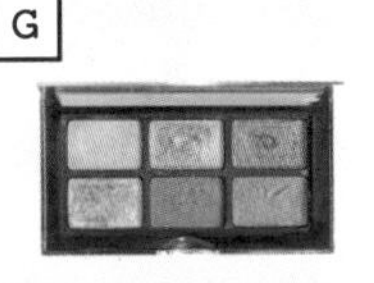

NARS WANTED ミニ アイシャドーパレット

H

エチュードハウス ハーシー プレイカラーアイズミニ クッキーアンドクリーム

を公開♡

ムも紹介しているので参考にどうぞ♥

得意なパーツ

まつ毛！　ほんとまつ毛上げるのだけはマジで得意！

NARS、RMK…たくさん！

好きなプチプラコスメ

ウィッチズポーチ♥

アイライン…

AFTER

I

エチュードハウス ハーシー
プレイカラーアイズミニ オリジナル

J

ウィッチズポーチ セルフィー
フィックスピグメント 01

K

エレガンス カールラッシュ
フィクサー

L

メイベリン ハイパーカール
パワーフィックス 01

M

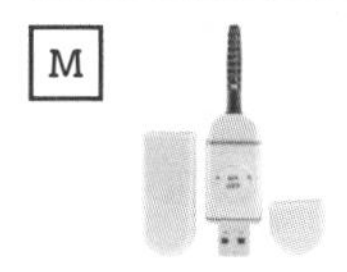

充電式ホットビューラー

N

ヒロインメイク スムースリキッド
アイライナー スーパーキープ 01

O

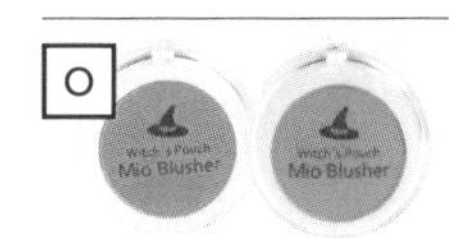

(左)ウィッチズポーチ ラブミーブラッシャー 11　(右)ウィッチズポーチ ラブミーブラッシャー 09

P

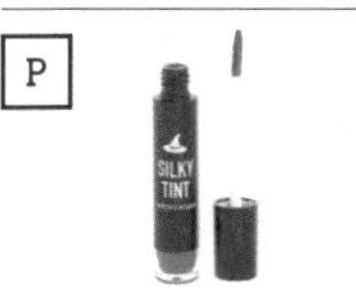

ウィッチズポーチ シルキー
ティント 04

Q

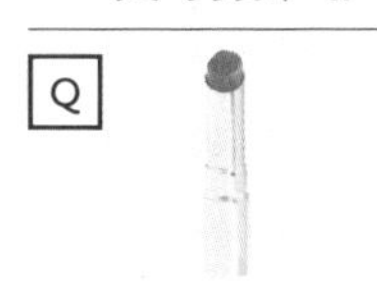

オペラ リップティント N01

R

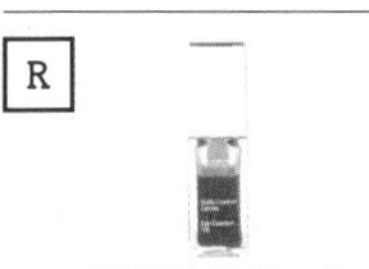

クラランス コンフォート
リップオイル 03

9

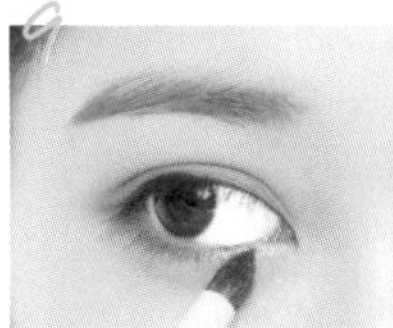

「Jのキラキラを下の目頭にちょんちょんとのせるよ。こうすると涙袋がぷっくりとして可愛くなる♥」

10

「ビューラーでまつ毛を上げたら、Kのマスカラ下地を塗る。さらに Lをまつ毛の根元から塗っていくよ」

11

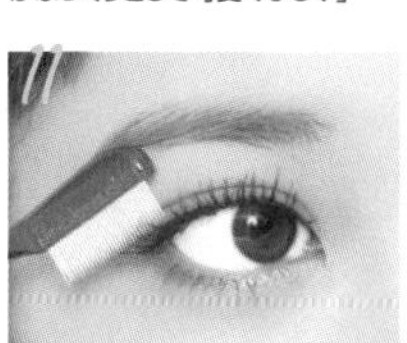

「マスカラのあとは、コームでとかしてまつ毛をセパレート♥　これでまつ毛がパッと開いて、キレイ！」

12

「Lを下まつげにもしっかり塗る。このとき、ブラシは縦に♥　さらに下まつ毛もコームでとかすよ」

13

「Mでまつ毛の毛先を上向きにしていく。目頭よりも目尻の毛先をしっかりと上向きにするのがコツ〜」

14

「まつ毛が多いからアイラインは目尻にだけ♥　Nを黒目の終わりから目尻にかけて少しタレさせて引く」

15

「Oのピンクとオレンジを混ぜて、ほお骨の上に横長にふわっと広げる。血色がよくなるかんじが正解！」

16

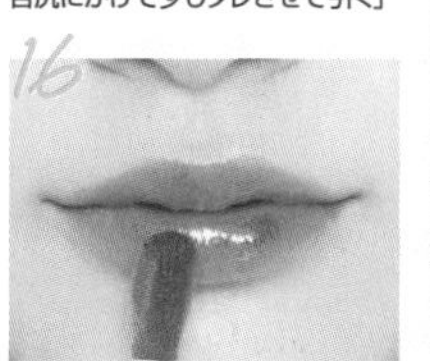

「リップは Pを指でトントンとつけてから、Qを塗る。最後に Rを唇の中央にだけ塗って、立体感を出す♥」

撮影／山下拓史、小川健（will creative）[冬]

めるるの春夏秋冬シーズンメイクLOOK♥

季節ごとにメイクもチェンジ！

ツヤが出るように、イエローリップを何回かじか塗り。リンカクはラフにボカして、甘さをセーブするよ。目元はオレンジ×ブラウン。

洋服の色も明るくなる春&夏は、メイクをオトナめに。リップはなりたいイメージに合わせて質感を調整するよ！ オレンジはなんだかんだ最強杉♥

マットなブラウンシャドーをふたえ幅と下まぶたのキワにONして囲み目に。お決まりのまつ毛もバサバサに仕上げるよ！ リップも質感を統一♥

 好きな食べ物はカロリーゼロ！ 気にしなーい！

Point
この季節ならではのボルドーリップを大胆にリップブラシでオーバーに塗るよ。失敗しやすい濃い色はじか塗りより、ブラシ使いがおすすめ！
ソフトマットなレッドブラウン
ならケバすぎずにモード♥
#オトナレディーな
ボリュームリップ
Autumn
Lip
逆に黒コーデが着たくなる秋&冬はメイクで色味をON♥ 少しモテも意識して、女子力高めに仕上げるのがとうき！ POPの付録コスメも使える！
さりげなく仕込んだパープルで
NOT可愛いだけのラメメイク
Point
これは POPの付録でメイク。上まぶたはラメブラウンをたっぷり塗って、下まぶたにはラメパープルをライン風に。オーロラメのピンクリップもしっかり発色させるよ♥
#ビンテージパープル
Winter
Opne
Close
きのうよりも可愛くなってるって信じてる♥ 55

はじめてカラコンをつけたのも POPの撮影で!

てっとり早く「プチイメチェン」するなら

やっぱり

メイクの完成度を上げてくれるのも、

めるる裸眼

ふんわりピンク×茶コンは永遠にガーリーな組み合わせ

好印象

Make-up point

目元もリップもツヤピンクで統一。ハイライトも際立たせて、顔全体に立体感を出せばぼんやりしないよ!

ちょっぴり女のコ意識な日は

コーラル

こんなコにオススメ!

ナチュラルメイク派

ガーリーなのが好き

目を大きく見せたい

めるるがイメモ♥

エンジェルカラー「AND MEE」シリーズ

メイクだけじゃなんか物足りない…って人には絶対にカラコンがオススメ。アンドミーのワンデーはブラウン系が全 7色、マンスリーはカラバリ豊富な全6色/アジアネットワークス

淡いコーラルブラウン

繊細ドットで甘い印象の瞳に。盛りすぎず、自然にデカ目にもなれるから、カラコンをはじめてつける人にもオススメ!ほんのりコーラル〜ブラウンのグラデがとにかく女子力高め♥

カラコン♡

すっぴんで盛るにも、カラコンなしは考えられない♥

年上の人と会う仕事現場では ワッフル

オトナな印象になれるレッドブラウンシャドーで囲み目に。リップは赤みの強いブラウンをきっちり塗るよ。目元と唇の２点メリハリメイク。

定番&立体感のある瞳

明暗のブラウングラデ。どんな顔にも浮かばず、シリーズのなかでもいちばん使いやすい！　色は定番だけど、グラデの配色にこだわってるから、しっかり個性も出せちゃうよ♪

めるる's カラコン選びの基準♥

01 フチは絶対に自然なグラデ！

02 14.2㎜がほどよく盛れる♥

03 毎日使うから乾きにくさも大事！

海外ガールな派手気分の日は

オーロラ

めるる's

カラコン×メイクのルール♥

01 メイクに合わせてカラコンも変える

02 派手メイクはカラコンで抜け感

03 まつ毛はバッチリ上げて盛る♥

Make-up point

個性的なカラーラインが主役のはっぴーすメイク。でも、子どもっぽくは見せたくないから、オレンジリップもコーラル系にしてオトナに！

こんなコにオススメ！

外国人顔に憧れる

色＆柄の服が大好き

イメチェンしたい

ピンク×ブルーのグラデ

オーロラのような吸い込まれる瞳に♥ いっけん、派手見えするけどつけると意外となじみやすいのも特徴。マンスリーのなかでいちばん好きな色だよ！ プチイメチェンにも！

こんなコにオススメ！

ふつうの茶コンは飽きた
ニュアンスを出したい
派手アクセが好き

ラベンダー系のカラコンってほかにないからオススメ！

感狙い♥

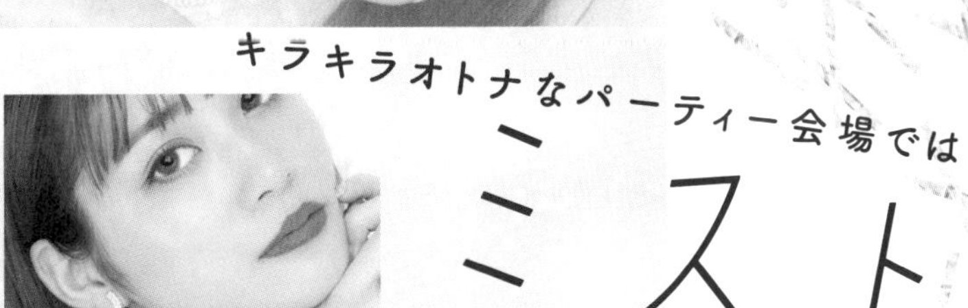

キラキラオトナなパーティー会場では
ミスト

キラキラアクセに負けないよう、涙袋にたっぷりラメを ON。主張する大好きな赤リップで、めるるの本領発揮だよ！

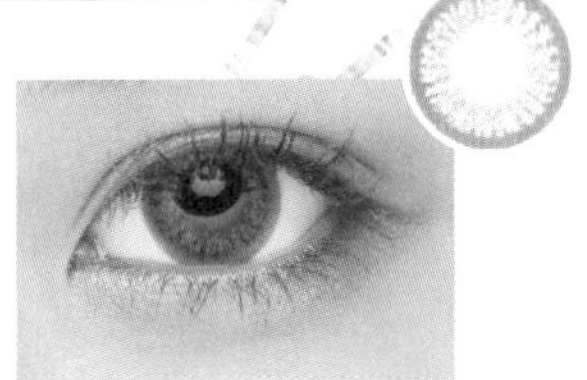

ほんのり透明感ラベンダー

いちばん外側のフチの色がブラウンだから、悪目立ちせずに目元にニュアンスが出るよ。ラベンダーだけど、黒目になじむように設計されているから普段使いでも問題なし！

ほかのカラーもチェック♥

コンタクトレンズは高度管理医療機器です。 眼科医の指導に従い装用期間を厳守し、正しくお使いください。
販売名：ハイドロン 1 day 55% 承認番号：23000BZX00223000
販売名：ハイドロン マンスリー 承認番号：22900BZX00215000

撮影/小川健(will creative)

めるるのトレードマーク!
ツヤサラストレートヘア基本のき♥
めるるストリートが始まったときから、ストレートヘアは鉄板。ストレートヘアへの愛は、なみなみならぬ、もの♥
4ステップで#めるるストヘアはできるよ!
洗う
ゴシゴシ
ブラッシング
ツヤツヤ
アフターケア
ピトーッ
アイロン&ワックス
スーッ
A
AIVIL FD
B
C
ヘアサロンで買ったオージュアのシャンプーとトリートメントを愛用中。髪は、指の腹で、やさしく時間をかけて洗う!
ドライヤーのまえにミルボンのトリートメントオイルを毛先中心にたっぷりと塗るよ♥ 髪も肌も、保湿しないと、絶対にダメ!
Aのアイロンはアイビルで超使いやすい。Bのボタニストのハームを髪の中間から下につけて、前髪はCのプロダクトで束感を出していくよ♥
タオルドライ後にウェットブラシでブラッシング。こうすることで、髪がからまりにくいし、傷みにくくなる♥ つまりはツヤツヤだ!
Aujua
AGING HAIR CARE
IMMURISE
Hair Treatment
Shampoo
Elujuda
MELLOW OIL
BOTANIST
BOTANICAL
HAIR BALM
lemongrass & geranium
product
hair wax
wildcrafted, organic & natural

めるストレート×ピンアレ×めるるポーズ

パッツン黒髪っていう概念を捨てて、茶色くしたら抜け感とハッピー感が増した♥ ヘアアレももちろん巻かずに!

撮影/小川健(will creative)、tAiki(ヘアアレンジ)

スポッチャ

三つ編みポニー × バックピン × がんばるるポーズ

動く日は高めの位置でポニーテールにして、きつめの三つ編みにする。後れ毛はピンでとめる♥ このポーズはね、口もポイントなんだyo!

学校

ハーフツイン × シルバーピン × はっぴーす

前髪とトップの髪を一緒にしてハーフツインにしたら、結び目の手前でピンをクロスする★ はっぴーすは、学校でのあいさつにピッタリ!

パーティー

サイドシニヨン × パールピン × めるるポーズ

髪をサイドでひとつに結んで、三つ編み。その毛束をまとめておだんごにして、ピンをON! めるるポーズは自己紹介のときに便利★

デート

前髪ネジネジ × ハートピン × おねしゃsuポーズ

前髪をサイドに向けて、ネジネジして好きなピンで固定するだけ♥ このポーズはデートで照れたときに使うといいかんじになるー!

耳から上の髪を高めの位置で結ぶ。ゴムの結び目は髪を巻きつけて隠す！ あとはピンでデコ♥ ほぺpiはプリクラとかで流行らせたいな♪

気になるめるるのサイズ表♥

小顔にスラリと伸びた手脚！　抜群のスタイルのめるるの全身をくまなく測ったよ♥
自分のとこっそり比べてみて〜！

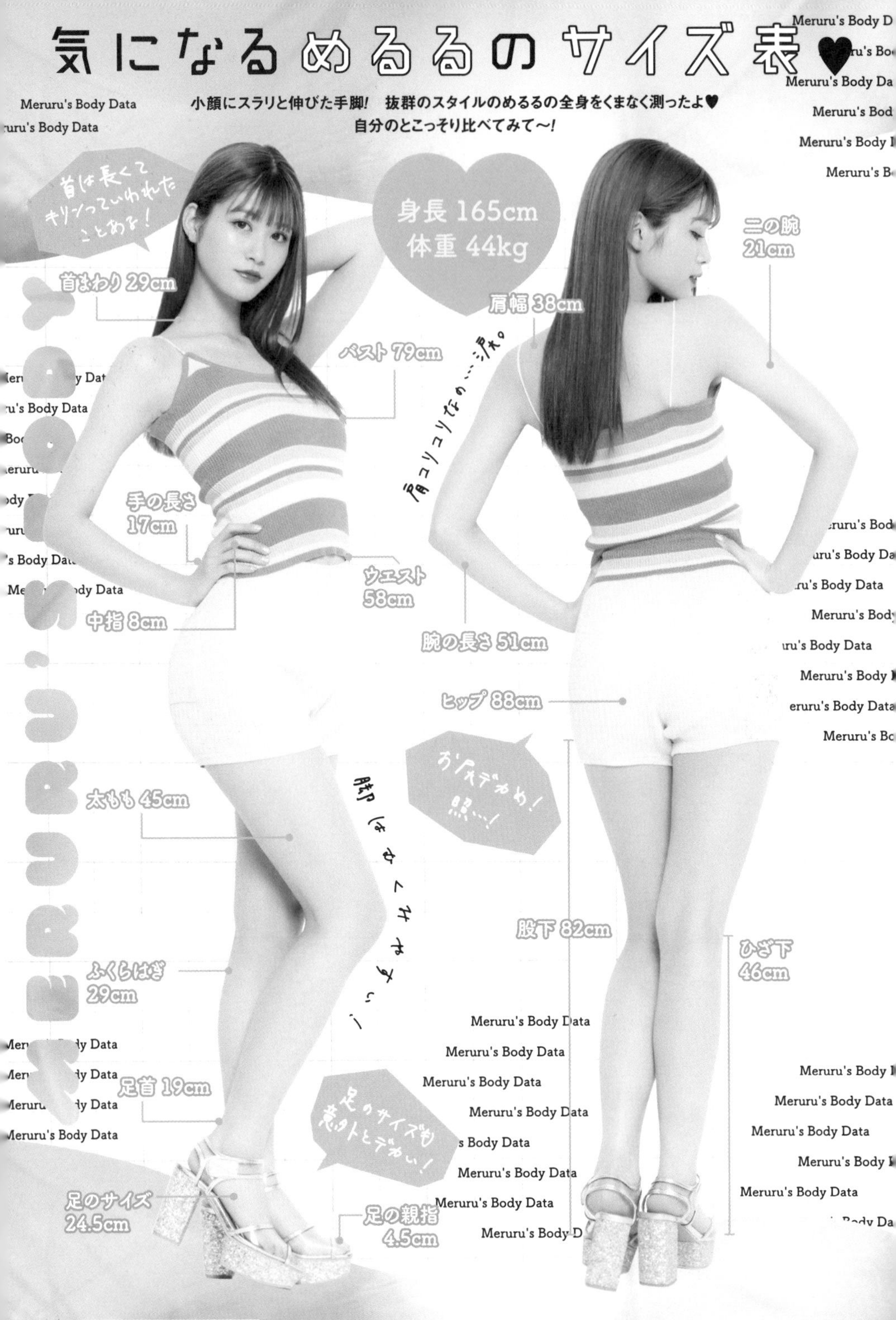

MERURU'S FACE

恵まれたモデル体型はじつは努力の証！

超むくみやすい体質…。モデルでいる以上、いつでも洋服をステキに着こなせる体型をキープするのは当たり前♥

寝るときはメディキュット！

指の間がグ～ンって広がって、気持ちい～♥ とくに脚がむくみやすいから、これがないとダメ！ もう何度もリピート買いしてるよ。

体も美白クリームで白肌ケア♥

キャンディドール ブライトピュアクリームは、塗るだけでもとから白肌っぽくなれるの！ 日焼け止めの代わりとしても使えるよ。

月に1回はオイルマッサージへGO！

ELENAに通ってるよ。その日の体の調子をくわしく聞いてくれたり、改善法もアドバイスしてくれる♥ JKを卒業して、自分への投資もそろそろ始めていきたい！

なるべくひと駅ぶん歩く♪

歩くのは大好き！ 普段は、タクシーじゃなく節約もかねて電車派。おなか（下腹）とお尻にキュッと力を入れて、大股でスタスタ歩くよ～♪

お風呂上がりのマッサージは15分かけてたっぷり♥

ヴィクシーのボディークリームは海外な香りがとぅき♥ 足の甲をグリグリほぐし→足首からひざまで流す→ひざ裏を強めに刺激→ひざから太もも全体のリンパを流して、仕上げはていねいにもみほぐし。

こりやすいから朝はストレッチでほぐす！

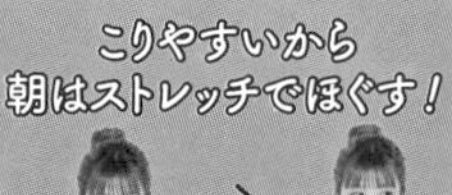

肩こりが悩み…。背筋を伸ばしてまっすぐ立ったら、両手を肩に。置いた手をキープしたまま、ひじを大きく回すよ。朝、このストレッチをやると体が目覚めるんだぁ♥

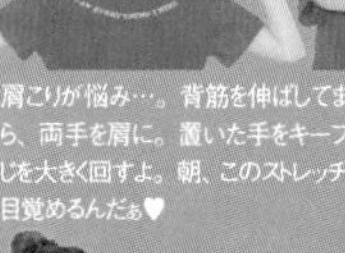

床に座ったら脚がクロスするようにひざを立て、立てた側と逆のひじとひざを合わせてねじり！ 上半身全体が伸びて気持ちいいよ～。

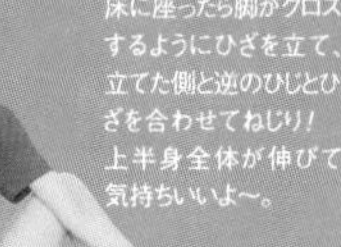

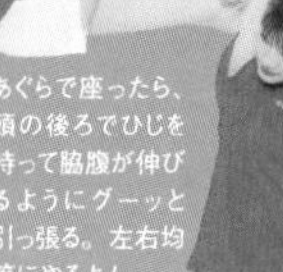

あぐらで座ったら、頭の後ろでひじを持って脇腹が伸びるようにグーッと引っ張る。左右均等にやるよ！

Gooood!!!

GOOD TIME GOOD TIME GOOD TIME CANDY

毎日絶対に湯船に浸かる！

このバスソルトは香りがおとぅな♥ 42度の全身浴で 15～20分浸かりながら白湯を飲む！ ジップロックにスマホを入れてリブ返もするよ～。

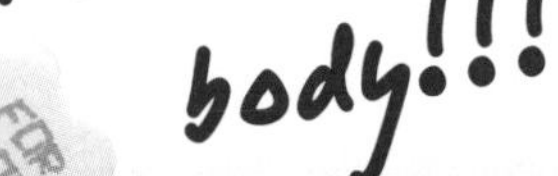

NOV
AC
ACTIVE
moisture cream

アイテムを使い分けた すっぴんのこだわり!

肌荒れをしたら、何もしないでまずは皮ふ科。お肌のためにキライだった野菜も食べるようになったし、コンビニでもフルーツを買うようになった♡ 成長したでしょ?

毎日のルーティーンに"るるるん"パックは欠かせない!

洗顔は専用のネットで泡立て♡

Niiiice!!

最近はフルーツや野菜も積極的に食べてる!

Meruru's perfect skin!!!

敏感になりやすい季節の変わり目は!

日常のケアにプラスしてスペシャルケアも♥

とにかく乾燥が気になる…ってときは!

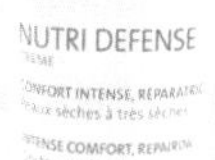

LA CRÈME MAIN
TEXTURE RICHE

CHANEL

もっともっとめるるのこと知りた杉♥
考えてること、集めてるもの、バッグの中身…まで！
めるるの中身ってこんな！
日々、進化し続けるめるるのイロイロな中身を紹介♥
メンズっぽいアイテムと、メンズっぽい性格の女のコ好き～！
知れば知るほど好きになるyo?
喜
HAPPY
やたあー。
テンションさいこうベスト。。!!
怒
正座しな。
もー。最悪ー
いかぷんまるー。
悲
なみだてんてんポタ。
めるる
うるる
んだァ
驚
びっくり
WOW
まじびっきーー…!!!
Glasses
家では JINSのガチめがね！
逆三角形の丸みをおびた
かんじのデザインが好き！
#おしゃ丸めがね
撮影／小川健(will creative)

ついつい集めちゃうものたちをご紹介
キャップ
Cap
形にこだわりがあって、
カーブキャップしか
似合わないんだよね!
FILA
ロゴT
LOGO T-shirt
ロゴがあるだけで安心!
夏はTシャツ1枚でも
ポイントになってラクチン
FRAY
Fresh anti youth
I AM FR
BUT
99% SKATERGIRL
スニーカー
Sneakers
実家にもまだまだあるよ!
最近はNIKEの
エアマックスがスタメン♥
ノーブランド
コンバース
ナイキ
フィラ
ナイキ

基本、荷物は少ないほう♥

めるるバッグの中身

歩くのが好きだから、なるべく荷物は軽く。小さいバッグってなんかオシャンじゃない!?
シーン別に中身を公開しちゃうよー！

「キラキラ感がシルバー好きにはたまらないno♥
チェーンのあしらいがツボなステラ マッカートニーの財布、TOCCAの香水、保湿用のオイルリップ、イソップのハンドクリーム。これが必要最低限の荷物だよ。いつでも女子力は上げておきたい♥ 音楽はAirPodsで」

撮影／小川健（will creative）［P.70人物］、
堤博之（P.71）

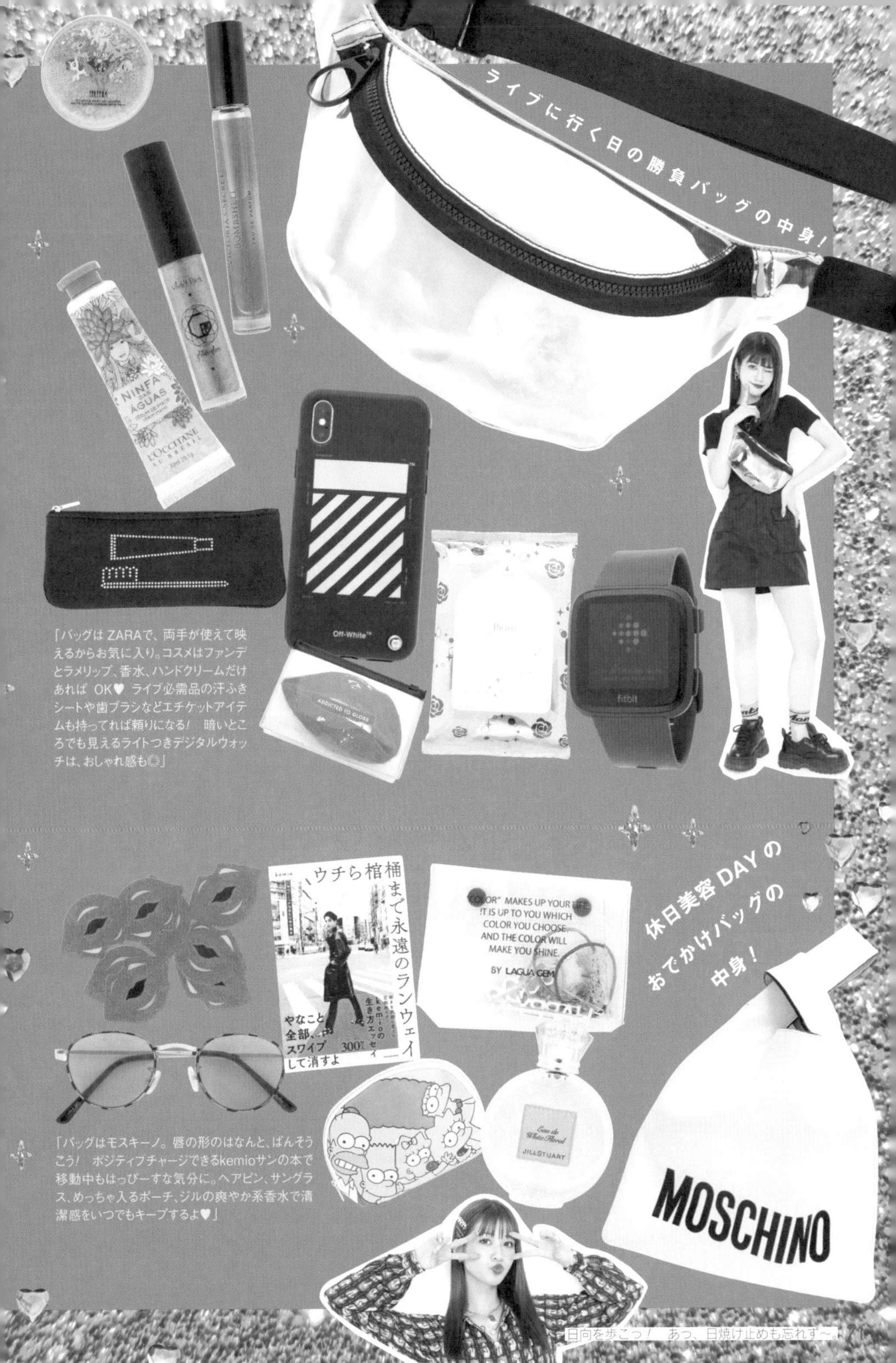

「バッグはZARAで、両手が使えて映えるからお気に入り。コスメはファンデとラメリップ、香水、ハンドクリームだけあれば OK♥ ライブ必需品の汗ふきシートや歯ブラシなどエチケットアイテムも持ってれば頼りになる！ 暗いところでも見えるライトつきデジタルウォッチは、おしゃれ感も◎」

「バッグはモスキーノ。唇の形のはなんと、ばんそうこう！ ポジティブチャージできるkemioサンの本で移動中もはっぴーすな気分に。ヘアピン、サングラス、めっちゃ入るポーチ、ジルの爽やか系香水で清潔感をいつでもキープするよ♥」

SNSできない、動画見れない…なんてありえない！

スマホの中身教えてー♥

スマホを中身を見れば人生がわかる!?ってくらい、生活に欠かせないもの。
めるるにとっても、めるるずと繋がれるSNSは必要不可欠!

めるるのSNSフォロワー数♥

Instagram：@meru_nukumi／34.3万
Twitter：@meruru20020306／16.1万
（2020年3月現在）

インスタでよく使うハッシュタグは?

「#めるのふく」

よく使うアプリ3つは?

「LINE！
乗り換え案内！
インスタ！」

ポチ ポチ ポチ

めるるにとってSNSとは?

「自分を魅せる、表現する場所♥」

1日どのくらいスマホ見てる?

「えーもう
20時間以上!
起きてて見れるときはずっと見てる!」

SNSはどう使い分けてる?

「インスタはたくさん撮りだめて、全体のバランスをみながら更新してる。くすんだ色とかは使わず、ハッピー感を大事にしてるよ♥ ツイッターはその瞬間思ったこと、感じたことを気軽に配信!」

待ち受けってどんなの?

「インスタで海外のおしゃれな写真を探してるよ♪」

 スマホのロック画面を変えるといいことありそう♪

好きなカメラアプリは?

「Ulike

ほぼこれで撮ってる♥」

最近スマホで観た動画は?

「YouTubeで
チーズハットグの動画を観たよ!
食べた〜い」

スマホケースは可愛さよりも
実用性で選ぶ派♥

LINEの返信は早い?

「遅い(笑)。

未読が多すぎていえない(笑)。
めるるずへのリプ返が優先!」

LINEでよく使う絵文字と言葉は?

「ピンクのハートに
キラキラがついてるやつ!
言葉は〝やっほー〟かな」

最近スマホで検索したワードは?

「〝幸せな
言葉〟。

これ、恥ずかしい!
ポジポジフレーズを
考えすぎて…」

1日どのくらい写メ撮るの?

「50枚くらい!

だいたい、まねねに
撮ってもらってるよ」

もし、スマホの充電が
なくなったら?

「ソッコーで
まねねに借りる!」

他撮りで盛る方法は?

「可愛くなる努力をする!!」

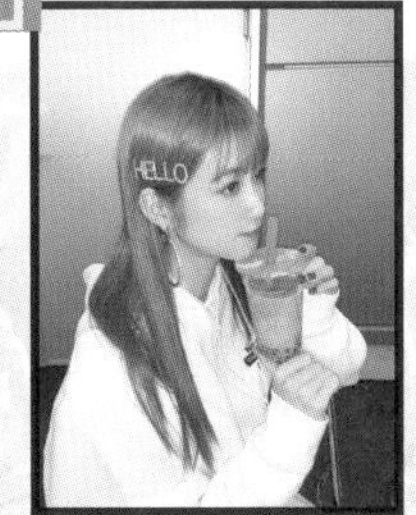

アタマの中身! アタマの中身! アタマの中身!

いま、どんなこと考えてるの〜？ ハッピーの源であるめるるの〝ポジポジ脳内〟をのぞき見っ!

朝、起きて思うのは？

『リプ返来てるかな〜?』

//まずケータイチェックからスタートするよ\

寝るまえに思うのは？

「あしたの朝、何食べようかな？ 最近はコンビニでもフルーツとかを買うようにしてる♥」

緊張したときは？
「何も考えないようにしてる！
まねねとお話して緊張をまぎらわす！」
いま、何考えてる？
『こんなに野菜を食べられるようになった♡』
（サラダを食べながら）
ひまなときに考えてることは？
『アニメ、何観ようかな～』
"カッコいい"で思いつくのは？
『サッカー！』
18歳になって思うことは？
「JKじゃないけど、JKでいたい。中身はね、オトナになりたくない。だって、JKって最高に楽しくてはっぴーだから！」
忙しいときに思うことは？
『ありがた！』
"まねね"といえば？
『いっつも"やめなー"っていわれる。好みが真逆なの』
電車に乗ってるときは？
「向かい側に座ってる人の人生を勝手に妄想してる（笑）！ それでニヤーって笑っちゃうときがある」
撮影中に考えてることは？
『盛れる角度どこかな～』
"まるい"で思いつくのは？
『キラキラ太陽！』

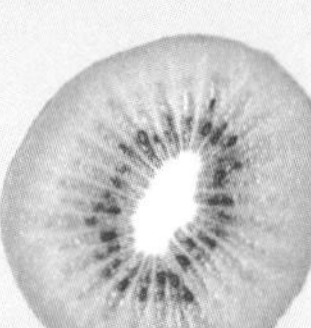

Having Fun?

ベイビーから18歳まで♥
まるっとめるる!!
Meruru's History
はっぴーすなめるるの歴史をイッキにプレイバック。子ども時代から現在まで、レアな写真もいっぱいあるので、お見逃しなく♥
Part 1
子どもめるるの巻
2002年3月6日
16時7分、誕生!!!
夜泣きがすごくて、パパの背中じゃないと寝なかった…(笑)
3290gだったよ♡
小さいときから食いしんぼう
カメラを向けるとすぐ変顔
むちむち!
白目できちゃうもんne
むかしから写真を撮られるのが大好き♥

Sweet Sweet Meruru
元気でいつも外で遊んでたんA♥
七五三だyo
男のコみたいにやんちゃな性格だった
夏祭りで釣りゲームに夢中♥
カナヅチだけど
水は好き
GALめるる?
っていうより、
セレブめるる!
大きな葉っぱでトトロっぽく♥

Part 2
モデルめるるの
始まりの巻
海で走る〜
!!!
色黒すぎ！
モデル気どり♥
めるるが2人？
ビョーン。
モデルになる前
おしゃれなんて全然興味がなくて、外で遊んでばかりで日焼けし放題。でも、写真を撮られることは大好きだった！
虫もへっちゃら！
撮影小道具で遊んだりー
男装したりー
コラボしたりー
ニコ☆プチ期
撮影で東京に来るのが毎回楽しかった。ポーズや表情はまだまだだったけど、スタッフさんがよくホメてくれたからうれしかった♥
沖縄ロケに行ったり
仲よしモデルができたりー
シカに変身したりー
ピンナップ風ガールになったりー

ちなみに♥
ずっとジャンクフードLOVE！
ジャンクなフードのなかでも、むかしからハンバーガーがいちばん！
ハンバーガー♥
ハンバーグ♥
初TGCでウォーキング！
TGA出場からPOPモデルへ!!!
かき氷♥
カタログモデル＆ショー
最初はガチガチに緊張して、笑顔もできなかったのを覚えてる。でも、ポーズや表情のいいお勉強になった！
ュークリーム♥
HAPPY
YEAh!
いろんなカタログモデルを
やってポーズを研
ちなみに…
自撮りは超絶ヘタクソ!!
いま見ると笑っちゃう。顔が引きつってるし、角度がなんか変！でも、それもいい思い出da♥
ぜーんぶ同じ角度じゃーん(笑)!!!

Part 3
POPモデル
あか抜け
めるるの巻
2015
2016
2017
2015年7月号
2016年7月号
2017年2月号
2016年8月号
2017年5月号
2016年2月号
2016年1月号
2016年9月号
2017年7月号
2016年5月号
2016年3月号
2016年10月号
2017年9月号
表紙撮
初晴れ着で
ウキウキ
変顔！
Enjoy
どんなコーデにも合わせやすい黒コートがあれば冬を乗りきれる
春ファンシーとか
ロリータとか…！
覚醒！！
こんなにカッコよくてクールなめるるっていままで見たことない！
Cover Collection 12
2018年4月号
2018年5月号
2018年11月号
2019年2月号
2019年3月号
2019年5月号

キャラも明るく
2018年2月号
2018年8月号
2019年3月号
可愛い!
Like STR
2018年1月号
2018年9月号
2018年10月号
2019年5月号
リズリサ時代
2018年4月号
2020年3月号
2018年12月号
毎日、はっぴーす!
めるるが
ウサギ
に変身!
2018年6月号
生見愛瑠チャン
お笑いにも全力!!
タレントめるるのお仕事現場にも密着
春には春のオトナ
2020年4月号
高校卒業♥
オトナめるるに進化中!
2019年1月号
2018年7月号
可愛くなった?
オトナっぽくなる
2019年6月号
2019年7月号
2019年9月号
2019年11月号
2020年1月号
2020年2月号

オフの日 めるるの1日追跡

毎日大好きなお仕事で忙しいめるるのオフの日って、一体？ キラキラ DAYとジミジミ DAYのギャップをどうぞお楽しみください♥

ジミジミDAY

▼ 夢の中…zzz

「ものすごく寝相がいいから、夜から朝までこのポーズ。寝るときは横向き…がお約束！」

◀ お目覚め！

「目覚めと同時に伸びをすると体もスッキリ。大きな声を出すと、もっと気持ちいい〜」

@おうち

キラキラDAY

▼ タクシーで出発！

「妄想のなかでの移動は優雅にタクシー♥ おしゃれな街まで、ピューンってかんじ！」

◀ お散歩♥

「植物を見ると心がキレイになる。四つ葉のクローバーを探しながら歩いちゃうyo!」

@代官山

◀◀◀ NETFLIXタイム

「最近、アニメに夢中で1回、観始めるとずーっと観ちゃう。たまに寝落ちするけど(笑)」

リプ返♥ ▶▶▶

「どんなコメントが来てるかな～って考えながらSNSをチェックする時間は、幸せ杉♥」

◀◀◀ ゴロゴロ、ゴロゴロ

「ベッドの上でゴロゴロしながら、天井の木目をボーッと見つめて、ヒマをつぶすんだ～」

ごはん!? ▶▶▶

「ジミジミDAYはポテチとかポッキーでおなかを満たす。そんな日があっても、いいの♥」

寝よーっと

◀◀◀ おやすみなさーい！

「いっぱい食べたらまた眠くなるのが人間ってもの。ジミジミDAYはずっと定位置(笑)」

15:00

◀◀◀ タピオカタイム♥

「小腹が空いたら、おしゃれなタピオカの出番。外で飲むのがキラキラDAYっぽい！」

▼▼▼ ウィンドーショッピング

「一歩入ったら絶対に買わなきゃいけない空気のお店は、ながめるだけでいまはガマン」

▶▶▶ おしゃれな本屋さん＆青空読書

「映える本を買って、公園のベンチでパラパラ。太陽がスポットライトになるよ～(笑)」

19:00

ディナーDE ▶▶▶ ハンバーガー

「ハンバーガーは絶対的王者。キラキラDAYだからお野菜もたっぷり食べるんだ♥」

◀◀◀ レイトショー

「夜の映画って憧れる。手にはブラックコーヒー(苦いから絶対飲めないけど♥)、ね」

21:00

めるるのいろいろベスト3

ありとあらゆるお題のベスト3をめるるが、ズバッとアンサー！ それぞれの理由にもご注目を♥

好きなブランド3

1 ベルシュカ（コスパが最高♥）

2 ボンジュールガール（デザインがね、可愛いの！）

3 LHP（ザ・ストリートの気分のときにいい）

好きなメロンパン3

1 浅草の花月堂（アイスメロンパンが好き杉♥）

2 ファミリーマート（生地がいいかんじ！）

3 代官山のパン屋さん（お店の名前を忘れたことを後悔…）

好きな映画3

1 ヘアスプレー（元気になる勇気をもらえる）

2 クルーレス（海外ガールって可愛い！）

3 プラダを着た悪魔（シンデレラストーリー♥）

好きなフルーツ3

1 マスカット（大好きで毎日食べてる）

2 パイナップル（甘いのが好き！）

3 バナナ（なんか体によさげ）

好きなめるる語3

1 まねね（いちばんよく使ってる♥）

2 だいとぅきmiバーガー（使うとハッピーになるでしょ?）

3 いかぷんまる（怒ったときはこれでみんな平和〜）

好きな国3

1 LA（響きがカッコいい）（国じゃなくて都市だけどね）

2 シンガポール（マーライオンと写真撮りたい）

3 オーストラリア（旅行にいいよって言われたから♥）

好きなタピオカ3

1 珍珠堂（タピオカたっぷりで甘い♥）

2 一芳（ここの黒糖、最高！）

3 辰杏珠（タピオカがもちもち！）

好きなお母さんの手料理3

1 ハンバーグ（超ジューシー!!!）

2 肉じゃが（ほっかほか♥）

3 唐揚げ（カリカリでジューシー）

好きな英単語3

1 HAPPY（ハッピーがいちばん!!）

2 SMILE（ニコニコって最高♥）

3 アンブレラー（カタカナじゃん！）（いちばんに覚えた！）

好きなスタバのメニュー3

1 キャラメルスチーマー（あったかくて、甘い♥）

2 ダークモカチップフラペチーノ（ごほうびのときはこれ！）

3 マンゴーパッションティーフラペチーノ（パッションティー抜きがオススメ！）

好きなひらがな3

1 い（秒で書ける！）

2 め（めるるの「め」）

3 す（なんかうまく書ける♥）

やってみたいコスプレ3

1 「約束のネバーランド」のエマ（とにかく可愛い♥）

2 「7つの大罪」のエリザベス（あの髪色のロングは憧れ〜）

3 「鬼滅の刃」のカナヲ（すべてが最高♥♥♥）

理想の女のコ像3
1 いい香りがする！
これは絶対!!
2 笑顔がステキ♥
スマイルは大事！
3 肌がキレイ！
近寄っても大丈夫♥
キュンとくる男のコのしぐさ3
1 クシャッと笑顔♥
歯が真っ白だとさらにキュン！
2 いい香りがする♥
香水じゃなくて柔軟剤系！
3 ジャンケンをしてくれる♥
楽しい人にキュンとする～
彼氏のゆずれない条件3
1 やさしい♥
やっぱり器は大きくなきゃ
2 おもしろい♥
最高におもしろいのがいい！
3 おしゃれに気を使ってる♥
自分のこだわりが大事！
ついついコンビニで買うもの3
1 男梅グミ
なくなったらすぐ買う！
2 バスクチーズケーキ
セブンイレブンの♥
3 唐揚げ棒
なにかと買っちゃう♥
つき合ってみたいアニメのキャラ3
1 「7つの大罪」のメリオダス
理想的♥全力で守ってくれる！
2 「Re:ゼロから始める異世界生活」のナツキ・スバル
3 「鬼滅の刃」の我妻善逸
なにごとにも一生懸命でカッコいい♥
戦うところにドキッとした！
カラオケでよく歌う曲3
1 ヤバイTシャツ屋さん「かわE」
盛り上がる！
2 WANIMA「ともに」
歌詞が好き♥
3 Official髭男dism「ノーダウト」
テンポがおしゃれ♪
ランチでよく食べるもの3
1 ハンバーガー
だいとうき♥
2 シーザーサラダ
サラダにチーズでヘルシー
3 ケーキ
甘いのって大事
憧れのデートスポット3
1 にぎわってる遊園地
はしゃぎまくりたい
2 おうち
一緒にホラー映画観たい
3 夜景
理想♥ キュン！
無人島に持って行くもの3
1 家族
一緒なら安心
2 まねね
いろいろ安心
3 ドラえもん
最強じゃん♥
モデルじゃなかったらなりたい職業3
1 保育士さん
小さいころの夢♥
2 おしゃれなショップ店員さん
「いらっしゃいませー」って大声で言いたい
3 印鑑をひたすら押すお仕事
なんか楽しそう!!
もらいたいプレゼント3
1 手紙
なんだかんだ、これがいちばん♥
2 秘密BOX
ドキドキ感を味わいたい！
3 宝探しで見つけるプレゼント
サプライズ感にワクワクする！
やりがちコーデ3
1 パーカにフレアパンツ
ストリートなコンビ♥
2 トレーナーにミニスカート
ラクなのに可愛い！
3 Tシャツにロングボトム
とにかくラクチン！

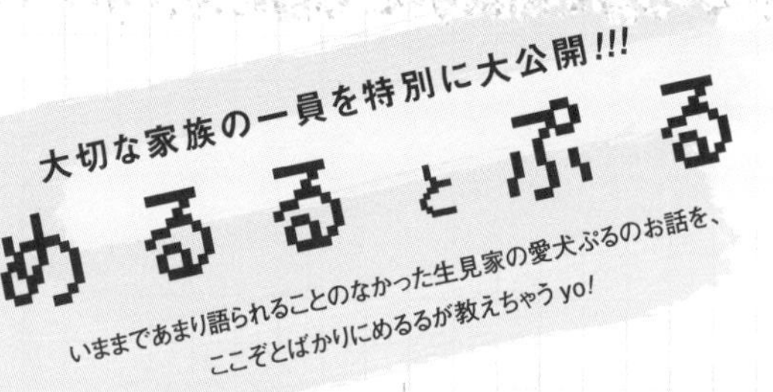

大切な家族の一員を特別に大公開!!!

めるるとぷる

いままであまり語られることのなかった生見家の愛犬ぷるのお話を、
ここぞとばかりにめるるが教えちゃうyo!

どうも
ぷるです♥

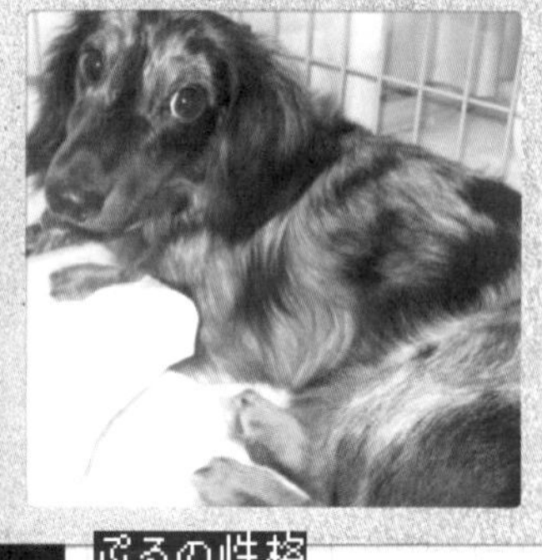

「ぷる」って名前の由来は?

「ミニチュアダックスフンドのダップルって毛色の名前から、"ぷる"になった!」

ぷるの性格

「のんびり屋でマイペースで少年っぽい。あと、人間くさい(笑)」

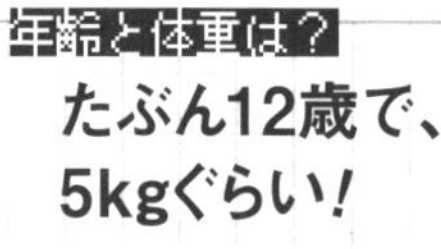

年齢と体重は?

たぶん12歳で、
5kgぐらい!

ぷると一緒のときは
いつも以上に笑顔になる…

ぷるを飼って変わったこと

「いたずらをするから、家の中がそれまで以上ににぎやかになった」

犬だけど雪はキライ…

2人の出会い

「愛瑠が幼稚園のとき、ペットショップで出会ったの。それまで犬ってちょっとこわかったけど、ぷるは愛瑠のひざの上でずっと寝てるぐらいおとなしくて、飼うことが決まった♥」

ちなみに生見画伯が
ぷるを描くと…

好きなところ

おバカちゃんなところ!

「お皿にごはんがあるのに、ずっと探してる。可愛いでしょ?」

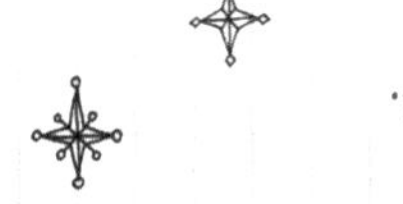

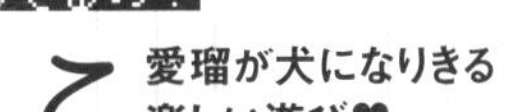

犬ごっこ

愛瑠が犬になりきる
楽しい遊び♥

「昔、ドッグランに一緒に行ったときに大きな犬に追いかけられたの。そのとき、ぷるが愛瑠を力強く引っぱって、逃げてくれたの♥ カッコよくて、ヒーローみたいだった!!」

チャームポイントはクリクリの目! アップでも耐えうる顔面力!

Old day

mini meruru & mini puru

ぷるとやりたいこと

お料理

「ぷるのごはんを一緒につくって、食べるところをジーッと見守る～」

みかんとチーズ

Message to puru!!

愛瑠をおいてオトナにならないでNE♥

生見画伯part2!

ぷる

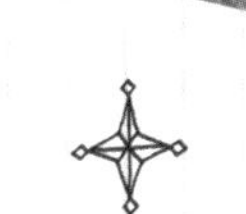

めるるが思う♥
JKのうちにやっておくべきこと7連発！

3月で高校を卒業したばかりのめるる。いまだからいえる、いまだから思う「JK」を満喫したよ！

制服はこれで見納め!?

撮影／tAIki

 宿題なんて忘れて思いっきり楽しんじゃお！ テヘッ(≧∀≦)

ティロソロリーン。
目覚ましがうるさい
私の1日がスタート
カーテンの隙間から光がはみでてる
今日は晴れた
その光を感じて覚醒する
そしてなんやかんやして昼がくる
タピオカをのむ「私」JKもあとちょい
1日1日を大切にすごそう。
時間はあっという間にすぎ
夜が来る
そして私は気を失ったように
眠りにつく…

03
たまには…
ロマンティックなポエムを書く！

「ポエムを書く人って、オトナっぽい。でも、いざ
書いてみると意外と難しくて、苦戦した★」

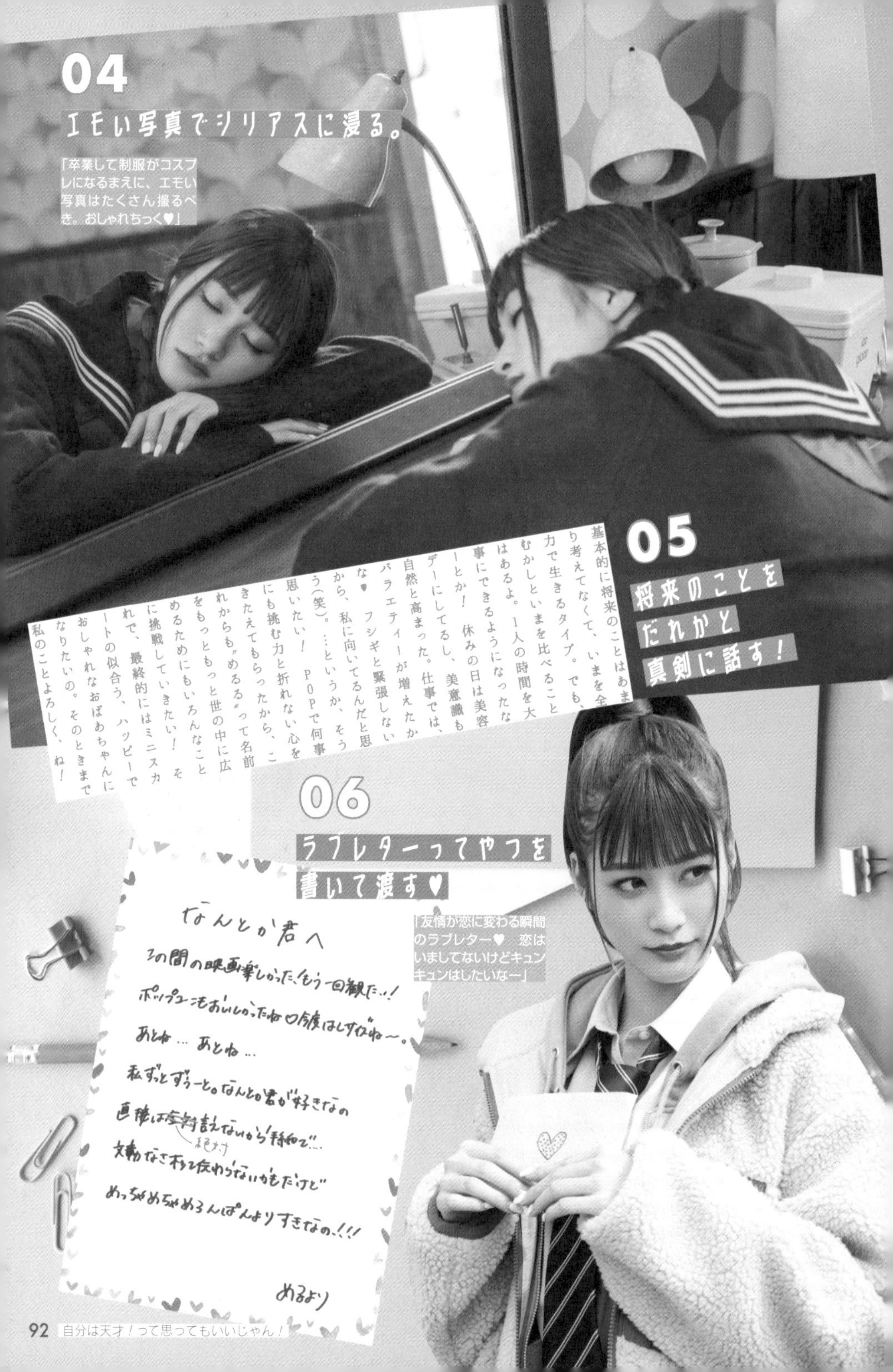

04

エモい写真でシリアスに浸る。

「卒業して制服がコスプレになるまえに、エモい写真はたくさん撮るべき。おしゃれちっく♥」

05

将来のことをだれかと真剣に話す！

基本的に将来のことはあまり考えてなくて、いまを全力で生きるタイプ。でも、むかしといまを比べることはあるよ。1人の時間を大事にできるようになったなーとか！ 休みの日は美容デーにしてるし、美意識も自然と高まった。仕事では、バラエティーが増えたかな♥ フシギと緊張しないから、私に向いてるんだと思う(笑)。…というか、そう思いたい！ POPで何事にも挑む力と折れない心をきたえてもらったから、これからも〝めるる〟って名前をもっともっと世の中に広めるためにもいろんなことに挑戦していきたい！ それで、最終的にはミニスカートの似合う、ハッピーでおしゃれなおばあちゃんになりたいの。そのときまで私のことよろしく、ね！

06

ラブレターってやつを書いて渡す♥

「友情が恋に変わる瞬間のラブレター♥ 恋はいましてないけどキュンキュンはしたいなー」

なんとか君へ

この間の映画楽しかった、もう一回観たい…！

ポップコーンもおいしかったね♡今度はしずくね〜。

あとね… あとね…

私ずっとずっーと。なんとか君が好きなの

直接は絶対言えないから手紙で…

文才なさ杉て伝わらないかもだけど

めっちゃめちゃめるんぱんよりすきなの…!!!

めるより

School uniforms
+
Street fashion
07
ストリートな
制服を着まくる！
「結局、こういう制服が
私にはお似合い★　学
校がない日でも毎日着
たいぐらいに…好き♥」

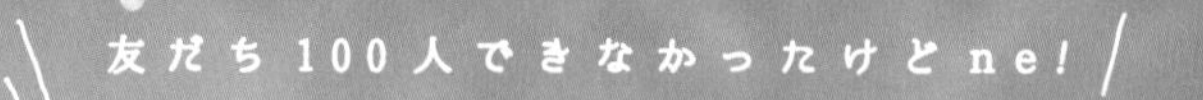

めるるのLJKはっぴーすな通学スタイル♥

終わってみるとあっという間だった3年間。勉強はキライだったけど、制服とか放課後とか、もっとJKらしいことを満喫しておけばよかった…！

JK卒業…ぴえん！

撮影／堤博之、原地達浩〔制服中、右〕

カジュアルときどきおとぅなな制服LOOK
たまには派手スエットじゃなく優等生ぶってカーディガンで♥
制服は小物でカラーを入れて元気さをアピールするのが◎！
デカロゴって制服と相性よき●上はゆるっとさせるのがモテ♥
学校でもまつ毛は先生にバレない
程度に上向きなのがお約束★
校則OKな〝美人LJK〟学校メイク
zoom up!
美容効果とカールキープ力のあるまつ毛美容液、すっぴんラッシュアップセラムでまつ育♥ まつ毛がピーンって元気なら、メイクなしでも盛れて校則もセーフなの！ リップは血色レッドが美人風になる。
ライバルは自分！ 人と比べてもいいことないよ！

平日の学校はヘアアレでモチベ上げるる！

ストレートが映えるスクールヘアアレ5DAYS

学校にはメイクして行けないけど、ヘアアレなら対応可！
できるだけ毎日変えて"デキるJK"ぶりたいってのが本音だよ♥

Monday #タイトツインン編み

耳上から編めば古くさく見えない魔法da♥

HOW TO

髪全体を左右に分け、それぞれの毛束を耳の上あたりからきつきつに三つ編みしていく。こめかみとうなじの後れ毛にはワックスをONしてね。

Tuesday #ざっくりオールバック

分け目は黒目の上くらいが◎。ハンサムゥ！

HOW TO

バーム系のスタイリング剤を指先1本分くらい取り、手のひらによくのばしたら手ぐしでかき上げながら流す。生え際を立ち上げるイメージで！

撮影／山下拓史

カラーピン1本使いでつくるベビーバング♥
Wednesday
#センター分けシースルーバング
HOW TO
前髪をセンターで分けて、うぶ毛っぽい内側の前髪をつまみ出して残りをカラーピンでとめるよ。左右に1本ずつとめるのが最近の流行り！
HOW TO
耳の後ろでツインテールにしてくるりんぱ。毛束をキュッとしぼって結び目のたるみを取ったら耳横の毛束を少しずつつまんでひっぱり出すよ。
Thursday
#くるりんぱ低めツイン
毛先は外ハネで元気キャラをアピール！
HOW TO
サイドの髪を耳より前に持ってきてカチューシャをつけたら、ハチとトップの内側にコームで少し逆毛を。ハチが張っているコはトップだけでOK！
Friday
#逆毛サイド盛り
こっそり逆毛を仕込んでふんわりモテ〜♥

めるるずSNAPに集まった5人が、カメラマンさんに写真を撮ってもらっていると…!?

あまりに驚いて動揺を隠せない5人は、なぜかめるるから後ずさりをしてく（笑）。

さらに、感動が頂点に達したのか涙してしまうコも♥　これには、めるるももらい泣き？

“ありがとうの気持ち”を伝えたい♥
めるる→めるるずへまさかのドッキリを決行！

POPの「めるるずSNAP撮影」に呼ばれためるるず5人へ、まさかの本人登場サプライズを決行！　しっかり感謝の気持ちを直接伝えたよ♥

撮影／tAiki

全員が笑顔になったところでお決まりの大成功ポーズ。ご協力ありがとうございました★

本気でいくYO!!!

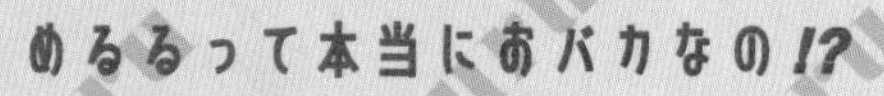

めるるって本当におバカなの!?

緊急♥学力テスト

おバカ発言の多いめるるだけど、実際はどうなの?ってことで徹底検証。ハッピーでユニークなお答えは必見♥

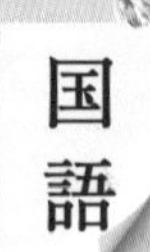

国語

次の下線の文字を漢字で書きなさい。

★私はPopteenを<u>こうどく</u>している。

行動

答 購読

まずひらがなが読めてない?

★朝顔の<u>かんさつ</u>を毎日している。

韓祭

答 観察

韓国のお祭りかな…♥

次の下線の漢字の読み方を答えなさい。

★さすが和菓子の<u>老舗</u>、とてもおいしいです。

ろほ°

答 しにせ

せめて、ろうほでしょ!

★こんな日に遊びに行くなんて<u>言語道断</u>だ!

いごどだん

答 ごんごどうだん

う、を抜きがちだね

★お湯の温度がいい<u>塩梅</u>にあった。

しおうめ

答 あんばい

しょっぱそー!

次の四字熟語を使って、短い文章をつくりなさい。

★弱肉強食

肉の話ではございません!

私の愛犬プルくんの好物は弱肉強食だ。

弱いものが強いもののえじきになること

解答例 現代社会は弱肉強食の世界だ。

★四面楚歌

どんな歌なのか歌ってみて♥

私の学校の校歌は四面楚歌です。

意味 だれの助けもなく孤立すること

解答例 悪口ばかりいっていたら、みんなに嫌われて四面楚歌になった。

次の問題に答えなさい。

★「言う」の謙譲語を書きなさい。

ですをつけても、ダメ!

言うです。

答 申し上げる

★「にっこり」の反対語を書きなさい。

しょんぼり

答 むっつり

たしかに♥理解はできる

おてやわらかに…

数学

次の問題に答えなさい。

★九九の8の段をすべて書きなさい

中途半端に合ってるのがフシギ

8×1=8 8×2=14 8×3=24
8×4=26 8×5=40 8×6=41
8×7=56 8×8=64 8×9=81

答 8×1=8 8×2=16 8×3=24
8×4=32 8×5=40 8×6=48
8×7=56 8×8=64 8×9=72

★台形の面積の公式を答えなさい。

面積って何。

答 (上底+下底)×高さ÷2

ウソ、面積知らないの!?

★三角すいを書きなさい。

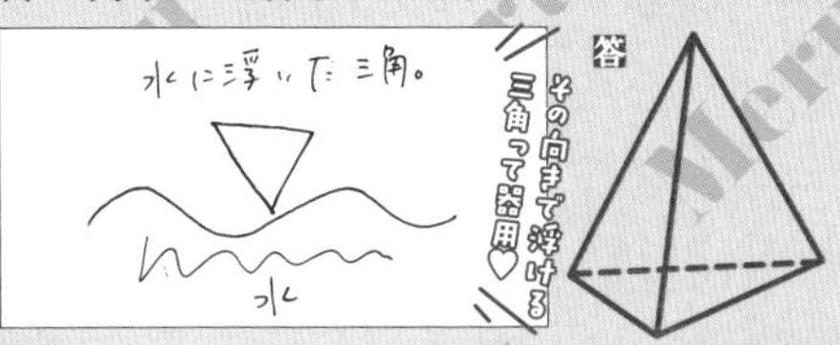

答

★次の単位の読みを答えなさい。

cm^3

センチ センチセンチ

答　立方センチメートル

うん、そのまんまだね…

★めるるは夜の9時15分から朝の6時30分まで寝ていました。
さて、全部で何時間寝ていたでしょうか？

チーン…

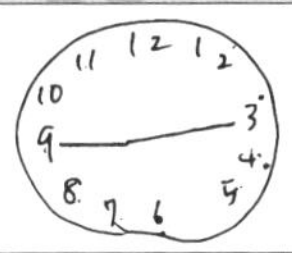

10時間 75分

時計を描いた意味、まったくなし！

答　9時間15分

社会

次の問題に答えなさい。

★国民の三大義務とは？

1: あべ の義務 → あべさんの言うことはきく。

2: 罪 の義務 → 罪はだめ。

3: 食 の義務 → 食はたべる。

答　教育・勤労・納税

なんかすごい…極端(笑)

次の空欄の中に適切な答えを書きなさい。

★日本はサウジアラビアから、
多くの（ サラダ油 ）を輸入している。

答　石油

油は油なんだけど、ね…

★室町時代、フランシスコ・ザビエルによって
伝えられたのは（ 髪の大切さ ）だ。

答　キリスト教

ザビエルに失礼！謝って！

ナイス、トライ！

あちゃー!!

理科

次の問題に答えなさい。

★大気中に最も多くふくまれる気体は？

答　窒素

大気をなんだと思ってるの？

★ドライアイスの正体はなに？

アロンアルファ

答　二酸化炭素

どこから接着剤がでてきたの？

次の空欄の中に適切な答えを書きなさい。

★アンモニアは水に溶けると（ ぼうこうえん ）性になる。

答　アルカリ

尿だとしてもぼうこうえんにはならない(笑)

★分銅を持つときは（ トンカン ）を使って、
正しい重さをはかる。

答　ピンセット

トンカンって何？どうやって使うの？

★光合成とは、植物が光によって（ こげ ）
などをつくる働きだ。

答　デンプン

人間も太陽で日焼けするもんね♡って、おい！

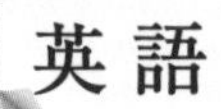

ほっ!!

まだまだやるyo!

次の英語は日本語に、日本語は英語に訳しなさい。

★ future

教える

ティーチャーから連想してる?

答 未来

★ poor

プール

まぁ、そう読めなくもない…けど

答 貧しい

★ age

テンションアゲ

答 年齢

やっぱそう答えるよね、狙いどおり♡

★自転車

愛知のほうでは自転車をケッタマシーンと呼ぶらしい

ketamasi-n

答 bicycle

★木曜日

May

それは木曜日ではなく5月です!

答 Thursday

★水

wota

答 water

水がウォーターなのは理解しているご様子

★ここはスターバックスです。

kokoha, StarBacks

答 This is Starbucks.

スタバのスペルも、ココハも間違いだらけ!

★なんて日だ!

Atar.

答 What a day!

そんな日はこう叫びたくなります♡ アター!

★ Catherine is a wonderful woman.

元気な女性は気がざってる。(おしゃれしてるって事。)

答 キャサリンはすばらしい女性です。

キャサリン→カザリネ→キカザルと変換?

★ Does this train go to Tokyo?

ドSの人は東京に行く? トラインに行く?

答 この電車は東京に行きますか?

ドSの人の行き先なんて聞いてない!

保健体育

次のスポーツの1チームの人数を答えなさい。

★サッカー

5

めちゃくちゃ少ないじゃん!

答 11人

★ラグビー

10

答 15人

絶対、適当でしょ…?

言うと難しいなぁ…

次の問題に答えなさい。

★生物の骨や皮膚を構成する繊維状のタンパク質の名称は?

ビタミンC

それもお肌には大事だけどね♡

答 コラーゲン

★人間のエネルギー源となる3大栄養素を書きなさい。

水 米 ビタミン

いいたいことはわかるけど…不正解!

答 タンパク質・糖質・脂質

★病原体に感染してから発病するまでの期間のことを○○期間という。

2週間

答 潜伏

その期間をなんていうかだよ!

次の空欄の中に適切な答えを書きなさい。

★食べ物が人間の体内を通る順番を正しく答えなさい。

もういろいろツッコミどころ多すぎ!!

どうも。生真です!

口→(のどぼとけ)→胃→(いがすい)→大腸→(校門)→体の外へ

答 口→食道→胃→小腸→大腸→肛門→体の外へ

目指せ、満点♡

一般常識

次の問題に答えなさい。

★日本は「○都○道○府○県」だ。

5都1道1府42県

答　1都1道2府43県

都がやたら多くない？

★アメリカの首都を答えなさい。

フランス

答　ワシントンD.C.

違う国だし、首都でもないし！

★現在の日本の総理大臣の名前を漢字で書きなさい。

亜部首総

答　安倍晋三

1文字も合ってないって逆にゴイスー

★七福神の1人、大黒様は大きな袋を持っていますが、中身はなに？

いちご

答　みんなの願いごと

フルーツ持ち歩くなんて、意識高すぎか！

Popteen

2020年4月号までで、めるるが何回表紙を飾ったか答えなさい。

12

迷わず書いたあたり、さすが

★2017年、めるるがマネしやすさを重視して命名したストリートをなんという？

インプルストリート

答　イジイミストリート

忘れたんかーい(笑)！

美術

次のお題の絵を忠実に描きなさい。

ゾウ

評価B

特徴はとらえているんだけど、体の描き方が雑でちょっと奇妙！

自転車に乗っている女のコ

評価B

なにか問題でも？

難しいお題だけどわかりやすい。ペダルがないけどね…♥

スカイツリー

評価C

スカイツリーというよりも、新型ロケットってかんじ！

大仏

評価D

手なのか指なのか不明だし、全体的に変。これは謝罪に匹敵(笑)

まねね

評価A

意外と似てる♥　しかも、ログセや洋服までカンペキ!!

やったー!!!　終わったー！

もっとお勉強しましょう!!

Love

Twitterで募集した、めるるずたちからの愛にあふれた写真たち!! おしゃれな加工をほどこされためるるが ほら、こんなに♥

いっぱい、
いっぱいありがとう♥

#めるるずからの写真

かおり••♥

@rn_merulovely
nukumi meru
れなごん

Tashiro Sakura
Meruru

nukumi
meru
にこ☺

むらさき••♥

 不可能を可能に！ 私たちならできちゃうもんね♥

気持ちは一生JK!! 人生を楽しもう!

mayu
めるる
蒼木ゆい。@イラストレーター
meruru♡
MERU
かれん
ゆいるる(めるるず)
めるる
なーたん (ゆな
はっぴーすめるるでsu
水曜シーズンレギュラー
ヒルナンデス!
さお
HAPPY
だいとぅきmiばーがー
てれやき~
あやか
Meruru
ICHIKA
生見愛瑠
I've always Loved meruru
めるるず
XOXO
You're cute
Deleting...
have a nice day
00:12:59
ストリートストレートあなたの心に全力ストライクめるるです
REC
ナナ
りな(なたん)
ゆうり
1ばんだいとぅき!!
Reira
02
03
まりな

meruru
さえ
ここね
what color do you like?
BOOM!
める
ゆぅぴ••♥
めるるちゃん
LOVE
AKO
caco
take me back to the basics and the simple life
☆もんきち☆••♥
まい
meruru
#happy
#enjoy
#pretty
ももりん••♥
MERURU
YUI
めるる
ピン表紙
&100質
決定!!
おめでとう
AN••♥
発狂
ゆの
HEY
SMILE!
ずぅ••♥
IT'S PARIS
harajukuchicago_official
popteen_official
drmartensofficial
るぅ••♥
Happy
Nukumi
Meru
MERU
NUKUMI
すずち-••♥
I love you guys so much

めるるが改めて…いま

「ありがとう♥」を伝えたい人

めるるがこれまでに関わってきた、4人の恩人たち。成長した姿を見せるとともに、いまだから話せるあれやこれやを語りまくり♥

1.はじめての専属モデルをつとめた ニコ☆プチの編集長

初対面の印象

馬場「初対面はニコ☆プチのオーディションのときだね」めるる「すごい緊張していて、そこにだれがいて、何を話したかは全然覚えてません…」馬場「当時ニコ☆プチはオトナっぽいモデルを求めてたから、愛瑠はそこにちょうどハマって、編集部全員一致で〝このコ、いい♥〟ってなったんだよ」めるる「えー！ うれしい♥」馬場「ただ、面接ではほとんど話さないし、なにもアピールしてこなかったでしょ？ だから愛瑠がどんなコなのかは正直分からなくて…イチかバチか感はあったよ（笑）」めるる「オトナが目の前にたくさんいてこわかったから…」馬場「明るくてキャラのあるコは目を引くけど、愛瑠のビジュアルはそれ以上だったってことだよ♥」

ニコ☆プチでの思い出

めるる「いちばんの思い出はやっぱり沖縄ロケ。寝坊もしたし、寒かったけど、すごく楽しかった」馬場「あのロケから愛瑠はオトナとも話せるようになったよね。それまではなにを聞いても低い声でエヘエヘ笑ってるだけだったけど（笑）」めるる「話すようになったら、だんだんとスタッフの方にいじられるようになりました！」馬場「そうそう、愛瑠ってもしかしたらいじるとおもしろいコなのかもってウワサになってた。でも、そのことに気づいたときにはもうニコ☆プチ卒業の時期だったんだよね…」めるる「どのタイミングで見抜かれたんだろう（笑）」馬場「無口なのにいじられるって、ある意味すごいよね！」めるる「それってホメてます（笑）？」馬場「いじられる＝愛されるだからホメてるよ♥」めるる「そっか♥」

めるる「ニコ☆プチの撮影は全部楽しかった！」

いまだから聞けること

めるる「ぶっちゃけニコ☆プチのとき、私の人気度ってどれくらいでした？」馬場「正直に答えると…当時のモデルの中では3位か4位ってとこだったかな」めるる「ニコ☆プチって人気ランキングが誌面で発表されることがなかったから、ずっと気になってたんです」馬場「私もひとつ聞きたいことがある。愛瑠がおもしろいコであることは知ってたけど、そのキャラを表に出せるきっかけってなんだったの？」めるる「それはPopteenの存在が大きいです。楽しいだけじゃなくて、キャラを出さないと生き残れないと感じてから変わりました」馬場「でも、そのキャラが表に出たからこそいまの愛瑠があるわけだから、大変なこともあったかもだけどよかったね♥」

めるるがどうしても伝えたいこと

めるる「ニコ☆プチはモデルになりたいと本気で思わせてくれた、はじめての雑誌。私のスタート地点なんです。もっと有名になって、ニコ☆プチに取材にきてもらえるぐらいのビッグな存在に絶対になります！」馬場「もちろん取材に行くよ！　でもいちばんは、愛瑠が自分らしく、そして楽しく活躍し続けること。私もニコ☆プチもずっと愛瑠のこと応援してるよ。最後に…変な恋愛はしないでね（笑）」めるる「マジメだからそこは大丈夫です！」

馬場「可愛いけど無口すぎて何を考えているのか全然わからなかった（笑）」

nicopuchi meruru

ニコ☆プチ 2014年8月号

ニコ☆プチ 2014年10月号

ニコ☆プチ 2014年12月号

新潮社
ニコ☆プチ編集長
馬場すみれサン

めるるmemo

いつもニコニコ!!
モデルの私を見つけてくれた、
ありがたーい人♥

初対面の印象

めるる「ブルークロス ガールズは、私がはじめてイメージモデルをやらせてもらった特別なブランド♥ ひとつのブランドのイメージモデルをやるって、私の中では本当にすごいことだったから、選ばれたときは飛び上がるほどうれしかったんです」東園「愛瑠ﾁｬﾝの初対面の印象は、本当におとなしいコ。いまでこそストリートを着こなしているけど、当時は清楚なフンイキがして、すごく透明感があったんだよね。だから僕の中で愛瑠ﾁｬﾝをイメージモデルとして使うことは、ある種の冒険だったけど、絶対に似合うはずだっていう直感が働いていたんだ」めるる「私自身、まだストリートに目覚めてなかったから、ブルークロス ガールズのお洋服が似合うかどうか、少し不安でした。それまでガーリー一直線だったし…」東園「でも、着てみたらすごく似合ってたよね！ 僕は心の中で思わずガッツポーズしたから（笑。あぁ、このコを選んで本当によかった！って」めるる「愛瑠のストリートの原点は、ブルークロス ガールズです。本当に♥」

撮影の思い出

めるる「ストリートを着るのが新鮮で、撮影はすごく楽しかったです！ でも、ニコ☆プチの撮影よりポージングが難しくて…。一度、自転車に乗るカットがあったんですけど、私は自転車に乗れなかったからかなりあせりました」東園「乗れないのを知らなかったんだよ、ごめんね（笑）。でも愛瑠ﾁｬﾝは嫌な顔ひとつせずにがんばってくれて感動したなぁ」めるる「ブルークロス ガールズの写真はとても可愛かったから、しばらくの間 Twitterのアイコンはカタログの写真を使ってました」東園「知ってる！ まだ使ってくれてるって、社内で話題になってたからね」めるる「お気に入りだったから、できれば変えたくなかったです…」東園「コラボアイテムも一緒につくったね」めるる「覚えてます！ 自分の誕生日がプリントされたアイテムが発売されたときは感激したな♥」

めるる「まだストリートに目覚めてなかったから まさか自分に似合うとは思ってもいなかった」

ナルミヤ・インターナショナル
ブルークロス ガールズ
ディレクター
東園裕二サン

めるるmemo
おしゃれでやさしい♥
ストリートのカッコよさに
目覚めさせてくれた人‼

2.憧れのブランドイメージモデルに抜擢された

ブルークロス ガールズのディレクター

お互いへの質問

めるる「いまの愛瑠に何か聞きたいことってありますか？」東園「いますごいテレビでも活躍してるけど、いつからそんなにしゃべれるようになったの？　正直、むかしを知っているとビックリしちゃうんだよね。何かあったのか…な？って(笑)」めるる「それ、いろんな人に言われる（笑）。成長しただけです！」東園「僕が知っている愛瑠チャンは、クールビューティーだったから」めるる「その響き、いいですね。もう言われなくなってしまいました（笑）」東園「ほかの人にも聞かれたかもだけど、明るくなった理由はあるの？」めるる「おとなしかったときは、心のどこかでいいコでいなきゃって考えてたんですけど、POPモデルになって素のままでいいやって開き直ったら、こうなりました（笑）」東園「そうなんだね。でも、僕はすごくいいと思うよ！　いまの愛瑠チャンも」めるる「ありがとうございます！　じゃあ、私からもひとつ質問。これから私に挑戦してみてほしいことってありますか？」東園「愛瑠チャンはとても影響力のあるコだからこそ、利害関係なくいろんなことに挑戦してほしいな。例えば、救済や寄付なんかにも目を向けられるようになったら、それこそ真のクールビューティーかもしれないね。困っている方がいるんだから、助けてもいいじゃん！みたいなテンションで（笑）」めるる「私、ケチキャラだけどがんばってみます！」東園「最後になるけど、スタイルブック発売おめでとう！　そして僕を思い出して、ここに呼んでくれてありがとう。再会できて僕は幸せです！　しかもおしゃれの原点はブルークロス ガールズとまで言ってくれて…おじさんは泣きそうだよ、本当に」めるる「(笑)。またいつかブルークロス ガールズとコラボアイテムがつくりたいです！」東園「その日を楽しみにしてるね」

BLUECROSS girls
meruru

BLUECROSS girls
2015 Freshers
Collection

I♥ Brand LOOK
BOOK Vol.5

I♥ Brand LOOK
BOOK Vol.6

東園「ブルークロス ガールズ
はおしゃれの原点！
と言ってくれることが
何よりもうれしいです」

3.いつもそばにいて、支えてくれている
元祖マネージャー&現在のまねね

元祖マネージャー
エイベックス・マネジメント
三上雄亮サン

めるるmemo
あたたかく
見守ってくれている
東京のパパみたいな存在

初対面の印象

めるる「三上サンは小4のときにはじめて会って、そのあと中2ぐらいまで私のマネージャーさんでしたね」三上「人見知り全盛期のときだったから、最初はお母さんの背中にかくれてたし、なかなか心を開いてくれなくて大変だったよ（笑）」めるる「お父さん以外のオトナの男の人と話す機会がなかったから、何を話せばいいのかわからなかったんです」三上「中1の終わりぐらいには、好きなコの話とかしてくれたけどね！」めるる「そんな話してました（笑）？　いきなりぶっちゃけないでくださいよ！」三上「自分からすすんで話したわけではないけど、聞けばなんでも素直に答えてくれたかんじ」めるる「基本、ピュアなんです！」嶋田「私の愛瑠の初印象も人見知りな女のコ…でしたよ。でも私がすごいしゃべるから、意外とすぐ打ち解けたかも」めるる「会って2日目には恋バナしてた！」嶋田「そうなんですよ。だから、静かでおとなしいときの愛瑠のことが想像できないというか…。もちろん、いまでも人見知りではあるんですよ。でも、決して静かではない（笑）」

三上「いまの愛瑠は単純にすごい!! と思う」

いまのめるるについて

三上「静かでおとなしい愛瑠を知っている僕からすると、いまテレビや雑誌で元気に活躍している愛瑠の成長ぶりって、単純にすごい!!と思う。それにPOPでの初撮影のときも一緒にいたから、あんなカチンコチンになってだれとも話せずにいた愛瑠がこんなにしゃべれるようになるなんて…奇跡だよ(笑)」嶋田「いまはもう毎日元気で毎日しゃべりまくりですけどね（笑）」めるる「まねねにも静かでおとなしかったころの私に会わせてあげたいな。きっとビックリするよ♥」嶋田「いまでもたまには静かにしてくれてもいいんだよ！」

嶋田「静かだったときの愛瑠が想像できない…(笑)」

現在のまねね
エイベックス・マネジメント
嶋田サン

めるるmemo
もはや第2のママ♥
ずっと
一緒にいたい人!!

マネージャーだから知っているお話

三上「みんな知っているかもだけど、めちゃくちゃ怖がりだよね。ニコ☆プチ時代に撮影で東京のホテルに泊まるとき、1人で寝るのが怖くてお母さんと電話をつなげたままにしてたでしょ?」めるる「いまもホテルは怖いから、部屋の電気をつけたまま寝てます…」嶋田「緊張すると話している相手の目を見れなくなる（笑）」めるる「それ言わないで〜! 根はまだ人見知りだから、真剣な話になればなるほど人の目が見れなくなるの」嶋田「どうでもいい話をしているときはものすごい目を見てくるのにね（笑）」めるる「もぉ〜! 恥ずかしいじゃん。少しはホメてよ」嶋田「感謝の気持ちをきちんと伝えるところはすごくいいね」めるる「やった♥」三上「それは大事だね」

manene
meruru

めるる「新旧まねねと写真を撮るなんて、はじめてだから恥ずかしい（笑）」

これからのめるるに期待すること

三上「僕は愛瑠の人生の約半分を見てきているから、これからも自分の好きなことをやり続けてくれたらいいと思います。欲をいえば、むかしエイベックスのアカデミーで歌やダンスのレッスンをやらせていたので、いつか愛瑠の歌を聞きたいけどね」めるる「やだやだ!」三上「うまいのになぁ…」嶋田「私も愛瑠にはのびのびと楽しく仕事をしてほしいな。大変なことや辛いことも多い世界だからこそ壁にぶち当たることもあるだろうけど、うまく息抜きもしてがんばってほしい」三上「それと、マジメな部分はずっと大事にしてね。ダメなことはダメっていう線引きがきちんと自分でできるように!」めるる「はい! マジメなところはきっと一生変わりません♥」

2人のマネージャーに届けたい気持ち

めるる「三上サンが担当してくれていたときは、自分がこうやってPopteenでがんばれているなんて想像もしてなかったし、まねねと出会ったときだってバラエティー番組に呼んでもらえるようになるなんて思ってもいなかった。だからこれからもきっと、想像もできないようなことが待ち受けている…って、私に期待してほしいです。JKも終わるし、これから考え方が変わることもあるかもしれないけど、そのときにやりたいことを全力でがんばるるしたいと思います! まだやりたいことはたくさんで、向上心は常にある♥ そんな私を見守ってください…ってかんじ」嶋田「いまちょっと緊張してたでしょ（笑）?」めるる「やめてよ、バラさないで!」三上「本当に仲がいいなぁ!!」

スタイルブック「はっぴーす！」の撮影裏側レポート♥

撮影したのは2月。コーデ 100体組んだり、お仕事の合間で長時間の取材に答えたり。
めるるが全力で向き合った裏側を少しだけ公開♥

EVERY DAY HAPPY!! IT'S MERURU!!

Love

シュワッchi!

むちゃぶりな撮影も楽しい♪

塚谷さん

Smile!

Happy

Meruru's Long Interview
14歳…いまの気持ち たまにはマジメに語っちゃうYO!!
I am a Model

自分のことを語るってキャラではないけど、いい機会だからいろんな話をここではするね。私の人見知りのはじまりは、小4のとき。お母さんが軽い気持ちで私をエイベックスのダンススクールに通わせたんだけど、正直、私はダンスをやりたくなかったし、レッスンにも行きたくなかった。だって、まわりのコは私服もダンス着もおしゃれでキラキラしてるのに、私はすっぴんで、ダサダサ…。だからみんなから「あのコ、ダサくない?」ってカゲで言われてると勝手に思い込んで、人とうまく話せなくなった。でも、おかげでダサいことが恥ずかしくなって、おしゃれに興味を持つようになったけどね。そのあと、エイベックスのキラチャレで落選。それがとにかく悔しくて、いつか絶対にモデルになるっていう夢が強くなっていったの。そして小6でいまの事務所、エイベックスに入って、憧れの雑誌、ニコ☆プチのオーディションを受けたの。キラチャレで苦い経験をしていたから、受かったときは本当にうれしかった! ニコ☆プチは本当に平和で楽しかったから、卒業するころには人見知りも少しマシになってた。ニコ☆プチ卒業後の半年間は、ボーカル、ダンス、演技…と毎日レッスンばかりで、私はモデルをやりたいだけなのになんでこんなことをやってるんだろうって毎日モヤモヤしてた。この時期、アイドルグループにも入ってたし…。黒歴史だから本当はふれたくないけど(笑)。ちなみに初のTGCはモデル生見愛瑠ではなく、アイドル生見愛瑠として出場。それがめちゃめちゃ嫌だったけど、ほかにできることもなかったし、来た仕事を淡々とこなす日々を過ごしてた…。そんなとき Popteenのスナップに呼ばれたんだけど、うまくポーズがとれなくて大反省。それから死ぬ気でポーズの練習とおしゃれの勉強をがんばって、TGAっていうオーディションで Popteen賞とRay賞を受賞! 私が POPモデルになったきっかけはここ♥ ただ POPモデルになったはいいけど、自分のキャラもないし、撮影現場は可愛い先輩ばかりで緊張するし…で人見知りが大復活。しかも、可愛くなるにはヤセなくちゃって強迫観念でダイエットをはじめたら、ごはんが食べれなく

ニコ☆プチからPopteenへ…。その道のりは決して順調じゃなかった

なって、体重が38kgに…。そのあとかな、ストリート企画に呼ばれて「え、このかんじいい♥」と思って私服にも取り入れたら好きなコーデ1位にランクインしたの。そこで、私は見た目じゃなくて服が人気なら、ガリガリでいる必要はないって思えて、ごはんがおいしくなった。そしたら自信もちょっとずつついて、自然と明るくなって、JKバトルでもキャラを出せたんだよね。ただ、結果は3位…。Popteenはウソのない雑誌だから、中身をさらけだしていろんなことを発信できるコが人気なのに、あのころの私は、ただ可愛くいようとしただけ。だから読者のコの共感を得られなかったんだと思う。でも当時はそのことには全然気づけなくて、3位という事実がただただ悔しかった。

はじめて話すけど、食べれなくなったこともある

Love

『オオカミくん』で恋と青春を知って、大きく変わった

高2になってしばらくして『太陽とオオカミくんには騙されない』に出演することが決まったんだけど、最初はすごく戸惑ってた。番組は見ていたし、大好きだったけど、自分が出るとなると話は別。男のコに免疫もないし、自信もないし、話すことすらままならないのに、恋愛している様子をTVで流されるなんて恥ずかしすぎると思ってたの。でも、いただいたお仕事は全力でやりたいって気持ちもあったから、とりあえずは出てみようって決意した。ちょうど自分を変えたいと考えていた時期だったしね。ただ、撮影初日は緊張でガクブル状態（笑）！　女のコたちと最初にロケバスの中で会ったときも、全然しゃべれなくて…。同じPOPモデルの美羽ﾁｬﾝがいることがせめてもの救いだった。しばらくその緊張は続いたけど、撮影がはじまるといつの間にか「あ…楽しいかも」っていう気持ちが芽生えてた。メンバーの中で私が一番年下だったから、みんなすごく優しかったし、たくさん話しかけてくれて、だんだんと不安が楽しい気持ちへと移り変わったんだと思う。でも、男のコとのやりとりにはなかなか慣れなかった。だって、それまで本当に恋とは無縁だったから！　中2のとき初めての彼氏ができたんだけど、映画館デートで緊張しすぎて過呼吸になったのが唯一の思い出（笑）。すごくいいコだったけど結局は自然消滅したし、恋と呼べるものではなかったの。番組の中では男のコと2人で話さなきゃいけない時間もあって、キュンキュンというよりはドキドキ！　でも男のコたちはみんな話し上手で、リードもうまくて、仕草もカッコいいから徐々にキュンキュンっていう意味も分かってきた。恋だけじゃなくて、女のコたちとの絆もすごく深まったし『オオカミくん』は知らない世界の扉を開いてくれたってかんじ。それにね、放送後の反響もすごかった！　SNSのフォロワー数ってこんなに増えるもの？ってぐらいに増えたし、POPの撮影現場でも「愛瑠、見たよ！」って話しかけてきてくれる人も増えて、自然と会話ができるようになった。そのうちに自分からモデル仲間に相談をするようになったら「あれ、愛瑠って実はよくしゃべるじゃん」とか「おもしろい！」って知ってもらえた。だから『オオカミくん』には感謝しかない♥　友だちがライバルになるとか辛いこともあったけど、結果的にはいい経験になったと思う。人生の分岐点って言葉があるらしいけど、私にとってのそれは『オオカミくん』だった。

What do you think of me?

バラエティーのお仕事をやってみたら、私の世界が広がった

POPで素を出せるようになったら、いろんなことが楽しくなった。Popteen TVもはじまって、私が実は明るいってことがたくさんの人に伝わって、めるるずもどんどん増えてくれたし、そこからはもうハッピーの連続！　高3で好きなモデルランキング1位になって、ピン企画もやって、ついには念願のピン表紙まで…一歩一歩前に進んでいくうちに、もっとPOPでがんばりたいって思えたし、心の底からハッピーだった♥　でも私のハッピーキャラが爆発したのは、バラエティー番組に出てからかも。それまでバラエティーに興味があったわけではないけど、まわりからは絶対に向いてるって言われたのね。そのときはピンときてなかったけど、一度出てみたらすごく楽しかったし、素を出せることができたから、もしかしたら本当にバラエティーって私に向いてるのかも？って実感しちゃった（笑）。モデルのお仕事も大好きだけど、バラエティーでもがんばりたい、そう考えるようになったら、パワーが全開になった！　私は何か目標を持っていないとダメなタイプで、がんばることがないとどんどん落ちていっちゃう。だから、バラエティー番組っていう新しいがんばりどころを見つけられて、すべてがいい方向に流れていったと思う。よく、バラエティーのお仕事が増えたからPOPは卒業するの？　なんて声を聞くけど、その答えは「NO!」。だってまだPOPでがんばれることがあるって信じてるから。自分が納得できるくらいに胸をはってPOPでがんばりきった！　と言えることができたら、卒業のことを考えようかな。それまではいままで同様、全力で突っ走るよ。それに新たな目標もまだまだたくさんあるよ♥　たとえば洋服やコスメのブランドをつくったり、演技をしたり、海外に行ったり…自分の世界を広げられることなら、どんなことでも挑戦していきたいな！

今回こうやってスタイルブックをつくることができたのは、本当にめるるずのおかげ。私を好きになってくれるだけでも感謝なのに、みんな 100%の愛を注いでくれる。何度もいってるけど、めるるずは私にとっていなくてはならない存在で、家族と同じくらいに大事。くじけそうになるときもめるるずがいてくれるからがんばれるんだよ。この1冊を完成させるために本気でがんばったし、私の思いや感謝の気持ちをたっぷりとつめこんだから、みんなにそのことが伝わるとうれしい♥ 最後に、ハッピーの秘密について語ろうかな。いまでこそ『はっぴーす!』ってタイトルの本を出すほどハッピーな私だけど、18年の人生のなかで、ハッピー歴は1年とちょっと! POPモデルになりたてのころは自分がハッピーキャラになるなんて想像もしてなかった。そもそも個性がないのが個性でしょ…ぐらいの気持ちでいたし、前の編集長から「愛瑠は誌面をパーッと開いたときに見逃しちゃう存在」って言われて号泣したこともあった。友だちもいないし、成績も悪いし、恋も青春もない。何をがんばればいいのか分からないほどネガティブになったこともあったけど、そんな時間もいま思えば必要だったんだなって感じてる。

素を出せたからこそいまの私がいる…すべては自分次第!
これからも私は新しいことに挑戦しながら、進化を続ける

ネガティブだったときだれかに「もうちょっとポジティブになったほうがいいよ」って言われたんだけど、心の中で「なれない!」って即答してた。ネガティブが自分の通常運転だったから、変える気もなかったのね。でも、『オオカミくん』や POPをきっかけに、自分を変えたいって意識がでてきて、変わるためには努力をしなくちゃいけないってことに気がついた。つまりね、結局は自分次第! 本当はネガティブからハッピーになるのはちょっとこわかった。ハッピー感を出したらいままでの自分を知っているコたちに引かれちゃうかな?とか、キャラを無理につくってるって思われたらどうしよう…って考えたりもした。でも、そんなこわさをなんとかふっとばして素を出したら、みんなも笑顔になってくれたの! 私はそのことがすごくうれしくて、人にハッピーを与えられる仕事にほこりを持てた。私の場合、素を出したことがハッピーにつながったけど、自分を変えるか変えないかは自分にしかできないこと。もし、ハッピーになりたいって思っているコがいたら、変わる努力をひとつでいいからやってみて! だってね、だれでもハッピーになれるし、ハッピーのある人生って、すごく楽しいから♥

all about me

No happy No life
See you!

なんだかきょうは、とてつもなくHAPPYな日になりそう！

Fromスタッフ&モデル仲間

はっぴーすなめるるへ♥

スタイルブックの発売をお祝いして、
めるるをよ～く知る人たちからメッセージが届いたよ♥

ヘアメイク 吉田美幸サン

自分のスタイルを大切にしながらもどんなヘアメイク、スタイルにも柔軟に対応してくれて、そのスイッチをスッと入れられる魅力的な人。ヘアメイクしていてとっても楽しいです。これからのますますの活躍が楽しみです!

Popteen 編集長・塚谷

一緒にごはんを食べに行ったとき、店員さんに「すいませ～ん」って自分から積極的に注文するのを見て成長を感じました(泣)。あんなに成り立たなかった会話もいまはスムーズです(笑)。どんどん自分を見つけて、発信していくいまの愛瑠は後ハイモデルの憧れです。いましかできないこと、いまだから伝えられること、これから先も全力ではっぴーすな愛瑠でいてね。このスタイルブックを一緒につくれて、はっぴーすでした!

ママ

初めてのスタイルブック発売おめでとう!愛瑠がずっと目標にしていた夢がまた一つ叶ってよかったね。私たちもすごくうれしいです。これからも感謝の気持ちを忘れず、愛瑠らしく全力でがんばって下さい。

To Meruru

まねね

スタイルブック発売おめでとう! 日々努力を続けて、一つ一つの目標を叶えていく姿はとっても逞しく、うれしく思っています。まだまだたくさんの夢を一緒に叶えていこうね! これからも感謝を忘れず、はっぴーすにがんばろう!

ヘアメイク水流有沙サン

めるといるといつだって楽しいし、笑っちゃうし、元気もらえる! 人の事をよく見てて、思いやりと優しさにもあふれてるめる♥ 最強なの?(笑) 大大大とぅきだよー!

スタイリスト・小野奈央サン

めるるスタイルブック発売おめでとう♥ 私服100体をガチでスタイリングしためるるを尊敬! わたしより多いスタイリング量に嫉妬(笑)! 大変だった撮影も笑顔でいつでもはっぴーなめるるが大好きです♥

カメラマン tAikiサン

むかしの愛瑠を知ってるから、あんだけ積極的に行動できるようになってステキやなと思う。そんなに簡単には変われへんけど努力して、現場も盛り上げてくれるから、一緒に撮影していて楽しい! 喜怒哀楽がでるようになって成長したなーって感じた。これからも応援してんで!

Popteen編集長代理・千木良

はっぴーす★でポジポジな笑顔に、私も超絶はっぴーす★です!! スタイルブックの発売おめでとう!! ごはん、おごって（笑）♥

Popteen副編集長・片岡

めるる♥ 初のスタイルブック発売おめでとう! 中学生のときはスーパー人見知りでコミュ障だったのに、高校生になってから、スタッフさんやアシスタントさんに「髪の毛切りました?」「その服新しいですね!」って自分から積極的に話しかけてる姿を見て、成長を感じたよ! いまじゃ元気すぎて手に負えません（笑）。これからもよろしくね♥

ライター安藤陽子サン

愛瑠が小6のときに出会ってからもう6年! 悩んでたり、よろこんでたり、くやしがってたり、笑ってたり…いろんな愛瑠を近くで見てきたからこそ、この本に携わることができてすごくうれしいよ♥ おとなしかったときも、うるさいいまも、素直でやさしい愛瑠が大好き。これからもそばで応援させてね!

ほのばび

めるん、スタイルブックおめでとう♥ 唯一の友だちっていつも言ってくれるのがめちゃくちゃうれしいの。最近予定も合わずで語れてないから、お話したいことがたくさん! めるんといたらいつも元気になるの! 大好き〜スタイルブックたのしみみ♪

ちゃんえな

愛しのめる♥ スタイルブック、発売おめでとう! めるとは何でも話せる仲だし、いつもカラオケでバカみたいにはしゃぎまくる時間がえなはすごく好きだよ。趣味も考え方も一緒なめるに出会えて本当にうれしmiです! スタイルブック何回も読み返すね（笑）。だいすきッッよ♥

のんのん

大好きなめる。スタイルブック発売おめでとう♥ めるは、小学生のころから仲よしの友だちであり、私もがんばろうって思える戦友でもある人。今回のスタイルブックは、いまのめるがたくさん詰まっていて、ステキなんだろうなぁ。これからもそんなはっぴーめるるでいてください♥

PopteenTV・Guyサン

めるるおめでとー! いつもめるるにはハッピーをたくさんもらってます! めるるの語彙力、天然さ、キャラすべてがパーフェクトで魅力ある女性になったね! めるる最高!

Daisukiiiiii

Popteenデスク・太田

引っ込み思案だけど、負けず嫌いで、内に強いものを秘めながら、悩んでたJCのころからは想像もつかないくらいのはじけっぷりを見てると、積み重ねてきた努力が実ってよかったね〜と温かい気持ちになります♥ スタイルブック発売おめでとう!!

FASHION BRAND LIST

P.2-5
Tシャツ ¥7150、スカート ¥16500／ともにThe Girls Society ヘアピン（6本セット）¥990、ピアス ¥1650／ともにクレアーズ 原宿駅前店 バッグ ¥9900／アディナ ミューズ（アディナ ミューズ 渋谷）

P.6-7
ジャケット ¥16390、ブラトップ ¥7590、パンツ ¥14190／ QUSSIO ピアス ¥1650／レ・シィーニュ ミュール ¥19580／ YELLO

P.8-9
透けワンピース ¥11000／キャンディーストリッパー トップス ¥14300／ The Girls Society パンツ ¥4399／ W♥C イヤリング ¥550／クレアーズ 原宿駅前店 ロゴベルト ¥1428、ビジューベルト ¥1098／ともにスピンズ ミュール ¥18480／ YELLO

P.51
シャツ ¥8690／アンビー イヤリング ¥770／クレアーズ 原宿駅前店

P.51
トップス／ jouetie

P.56
トップス ¥14300 ／The Girls Society

P.57
シャツ ¥8690／アンビー チョーカー ¥330／レ・シィーニュ

P.58
シャツ／ jouetie ヘアピン（50本セット）¥330／パリスキッズ原宿本店 イヤリング ¥550／クレアーズ 原宿駅前店

P.59
ワンピース ¥3298／スピンズ トップス ¥5390／アトモス ピンク 渋谷 109店 イヤリング ¥990／クレアーズ 原宿駅前店

P.14-19
トップス ¥4389／ギャレリートーキョー　パンツ ¥15400／キャンディストリッパー

P.20-23
ブラウス ¥5005／ストラディバリウス・ジャパン　ワンピース ¥7590／ one spo チャームつきヘアピン（6コセット）¥660、ラメヘアピン（6コセット）¥550、オーロラヘアピン（5コセット）¥550、ホログラム入りヘアピン（2コセット）¥550／以上クレアーズ原宿駅前店　ビジューヘアピン（2本セット）¥770、青ハートリング ¥770、赤ビジューリング ¥770、緑バタフライリング ¥550／以上スピンズ

P.46
コスチューム 6点セット ¥6578／ malymoon

P.47
ラガーシャツ ¥3190、ワッペン ¥550／ともに原宿シカゴ竹下店

P.47
ヘアゴム各 ¥330／パリスキッズ原宿本店

P.47
バッグ ¥2750／レ・シィーニュ　パンプス¥7040／RANDA

P.64
キャミソール ¥5390／ SPIRALGIRL

P.66
Tシャツ ¥9900／キャンディストリッパー

P.49
キャミソール ¥17600／ The Girls Society

※クレジットのないアイテムはすべて本人、スタイリスト私物です。

初の私のスタイルブック♡
最後まで読んでくれて
ありがとう!!!!!
どう〜??
楽しんでもらえたかな
この本はみんなの支えがあって
出来上がった1冊です。
本当に感謝してます!
これからも一緒にがんばるるしていこうne☺
だいとうきmiバーガー♡

Thank you♥

何ごとにも全力！　そしたら全力の幸せが帰ってくるyo♥

SHOP LIST

アジアネットワークス(AND MEE) 0120・344・240
アスリーエイチ(Witch's Pouch) ☎03・6447・1072
アディナ ミューズ 渋谷 ☎03・5458・8855
アトモス ピンク 渋谷 109店 ☎ 03・6455・2472
アンビー ☎ 03・3477・5082
YELLO http://www.yelloshoes.com
ウィゴー ☎ 03・5784・5505
ギャレリートーキョー ☎03・6434・9770
キャンディストリッパー ☎03・5770・2204
QUSSIO https://qussio.net
クレアーズ 原宿駅前店 ☎03・5785・1605
The Girls Society http://thegirlssociety.net
jouetie ☎03・6408・1078
ストラディバリウス・ジャパン カスタマーサービス ☎03・3464・1222
SPIRALGIRL ☎03・5422・8007
スピンズ 0120・011・984
セシルマクビー渋谷 109店 ☎03・3477・5060
sevens 原宿竹下通り店 ☎03・6447・1373
W♥C ☎03・5784・5505
原宿シカゴ竹下店 ☎03・6721・0580
パリスキッズ原宿本店 ☎03・6825・7650
malymoon ☎042・306・8449
RANDA ☎06・6451・1248
レ・シィーニュ http://www.lattice-web.jp
one spo ☎03・3408・2771

※本書に掲載している情報は 2020年 3月時点のものです。
掲載されている情報は変更になる可能性があります。

STAFF

デザイン
福村理恵(slash)

撮影
tAiki〔カバー、P.2～11、P.14～53、P.56～59、P.64～67、P.76～77、P.84～85、P.108～113、P.116～123、P.127〕

スタイリング
小野奈央(J styles)〔カバー、P.2～11、P.14～23、P.40～41、P.46～51、P.56～59、P.64～66、P.76～77、P.122～123、P.127〕

ヘアメイク
吉田美幸(B★SIDE)
〔カバー、P.2～11、P.14～23、P.24～37一部、P.76～77、P.127〕
水流有沙(ADDICT_CASE)
〔P.24～37一部、P.38～39、P.40～41、P.50～51、P.56～59、P.64～67〕
大山恵奈
〔P.24～39一部、P.108～113〕

マネージャー
嶋田理沙(エイベックス・マネジメント)

編集
塚谷恵(Popteen編集部)、安藤陽子

原稿
三島絹子〔P.24～30〕、
西山由佑子〔P.31-32〕、
工藤好〔P.33～39〕
(以上 Popteen編集部)

はっぴーす!

2020年 4月 8日 第一刷発行
2020年 4月 18日 第二刷発行

著者 生見愛瑠
発行者 角川春樹
発行所 角川春樹事務所
〒102-0074
東京都千代田区九段南 2の1の30
イタリア文化会館ビル 5F
☎ 03・3263・7769(編集)
03・3263・5881(営業)
印刷・製本 凸版印刷株式会社

ISBN978-4-7584-1348-0 C0076